运镜师手册

手册
无人机航拍
与后期制作

从入门到精通

木白 编著

北京大学出版社
PEKING UNIVERSITY PRESS

内 容 提 要

掌握无人机运镜拍摄，对于喜欢无人机航拍的用户来说，既是痛点也是亮点，"痛"在于有难度不好掌握，"亮"在于掌握技巧之后就可以拍出酷炫的效果。本书紧扣 CAAC、AOPA、UTC、ASFC 等执照的考试大纲编写，帮助读者从运镜小白成为航拍高手。全书通过三大篇幅来讲解。

【运镜技法篇】讲解了新手入门的 11 种智能基础运镜拍法、能手必练的 12 大手动运镜拍法、高手必会的 9 种进阶运镜拍法、大神运镜的 7 种模拟穿越机的拍法。

【专题实战篇】通过 9 大专题进行运镜实战，内容涉及夕阳晚霞、城市建筑、公园风光、唯美人像、夜景车轨、浪漫烟花、景区宣传、汽车追随、无人机光绘，干货满满。

【后期制作篇】一介绍了剪映手机版操作，二介绍了剪映电脑版操作，三介绍了单个素材的剪辑方法，四介绍了多个素材的后期制作，让读者有四重收获。

本书赠送了 110 多个运镜教学视频、100 多个素材效果和 190 多页 PPT 教学课件，适合以下读者群体：对无人机航拍和运镜感兴趣的读者，想提升无人机航拍运镜技巧的发烧友，商业、景区、人像、广告等领域的摄影师，以及与无人机相关的培训机构。

图书在版编目（CIP）数据

运镜师手册：无人机航拍与后期制作从入门到精通 / 木白编著 . — 北京：北京大学出版社，2024.5

ISBN 978–7–301–34836–9

Ⅰ . ①运… Ⅱ . ①木… Ⅲ . ①无人驾驶飞机 – 航空摄影 Ⅳ . ① TB869

中国国家版本馆 CIP 数据核字（2024）第 038013 号

书　　　　名	运镜师手册：无人机航拍与后期制作从入门到精通
	YUNJINGSHI SHOUCE: WURENJI HANGPAI YU HOUQI ZHIZUO CONG RUMEN DAO JINGTONG
著作责任者	木 白 编著
责 任 编 辑	刘 云
标 准 书 号	ISBN 978–7–301–34836–9
出 版 发 行	北京大学出版社
地　　　　址	北京市海淀区成府路 205 号　100871
网　　　　址	http://www.pup.cn　　新浪微博：@ 北京大学出版社
电 子 邮 箱	编辑部 pup7@pup.cn　总编室 zpup@pup.cn
电　　　　话	邮购部 010–62752015　发行部 010–62750672　编辑部 010–62570390
印 刷 者	北京宏伟双华印刷有限公司
经 销 者	新华书店
	787 毫米 ×1092 毫米　16 开本　13 印张　350 千字
	2024 年 5 月第 1 版　2024 年 5 月第 1 次印刷
印　　　　数	1–4000 册
定　　　　价	89.00 元

前　　言

习近平总书记在党的二十大报告中指出，要加快实现高水平科技自立自强，这为新时代科技发展指明了方向。我们必须坚持科技是第一生产力，学习与掌握更多技能。在无人机航拍领域中，我们也必须走在前沿，学习更多和更新的航拍技术。

随着无人机技术的发展，我们可以利用无人机的广角摄影，记录辽阔的草原、巍峨的高山、壮阔的河流。

在短视频时代，无人机也有了更多用武之地，可以记录更多的动态美，展现更多的影像内容，带来不一样的视觉震撼。

在自媒体和影视拍摄领域，用无人机进行视频拍摄，可以解决手机、相机拍摄不到的视觉盲区，因为无人机可以飞越到人类无法到达的区域，当无人机上升到一定的高度时，可以拍摄到不一样的空间环境。

但即使是有一定摄影基础的人，用无人机拍摄视频也是一个挑战，因为摄影和摄像还是有一定差别的，更何况无人机与摄像机的操作也不同，这意味着他们需要学习新的理论和技术。

摄影是抓拍，是静态的，捕捉到的是一瞬间的画面。而摄像是连续拍摄，是动态的，需要记录和还原一段过程。

固定镜头是最简单的视频拍摄方式，只需要点击拍摄按钮，就可以记录一段视频。但是在固定镜头下，视角是单一的，当视频中含有过多的固定镜头时，会让人觉得死板。

运动镜头则是让镜头处于运动的状态进行拍摄。与固定镜头相比，运动镜头的表现手法更丰富，会让观众更有代入感。

如何掌握无人机运镜拍摄？本书给出了很多方法，由易到难、由浅到深，帮助读者学会无人机运镜拍摄，以及学会用剪映手机版、剪映电脑版剪辑制作单个作品和多段视频。

学习无人机运镜航拍，是为了让图像动起来，让画面更加精彩。本书系统地介绍了多种无人机运镜技巧和后期制作技巧，并附赠了110多个运镜教学视频、100多个素材效果和190多页PPT教学课件，帮助读者学得更轻松。

在编写本书时，笔者是基于所用软件的当下最新版本（剪映 App 版本 11.1.0、剪映电脑版版本 4.5.2、DJI Fly App 版本 1.10.0）截取的实际操作图片，但本书从编辑到出版需要一段时间，在这段时间里，软件界面与功能会有调整与变化，比如有的内容删除了，有的内容增加了，这是软件开发商做的更新，很正常，请在阅读时根据书中的思路举一反三进行学习，不必拘泥于细微的变化。

读者可以用微信扫一扫下面的二维码，关注官方微信公众号，输入本书 77 页的资源下载码，根据提示获取随书附赠的超值资料包。

扫码关注微信公众号

本书由木白编著，参与编写的人员有邓陆英等人。由于作者知识水平有限，书中难免有错误和疏漏之处，恳请广大读者批评、指正，联系微信：157075539。

木白

目　录

—— 专题实战篇 ——

—— 后期制作篇 ——

运镜技法篇

第 1 章　新手入门：
11 种智能基础运镜

在大疆官方的 DJI Fly App 中，用户可以选择相应的拍摄模式，让无人机实现智能运镜。在使用这些模式进行运镜时，用户只需选取拍摄目标、观察飞行环境和设定好相应的参数，就能让无人机一键运镜。本章将详细介绍 6 种一键短片运镜、3 种延时运镜和 2 个大师镜头运镜技巧。

1.1 6种一键短片运镜

本节主要介绍 6 种一键短片运镜方式，比如渐远模式运镜、冲天模式运镜、环绕模式运镜等方式，让用户可以一键操作，实现航拍运镜。

1.1.1 渐远模式运镜

一键短片模式中的渐远模式运镜是指无人机以目标为中心，逐渐后退并上升飞行。在使用渐远模式拍摄视频的时候，需要先选择拍摄目标，才能对无人机进行相应的飞行操作。使用渐远模式拍摄的视频效果如图 1-1 所示。

图1-1　使用渐远模式拍摄的视频效果

下面介绍具体的操作方法。

步骤 01　在 DJI Fly App 的相机界面中，点击右侧的"拍摄模式"按钮 　，如图 1-2 所示。

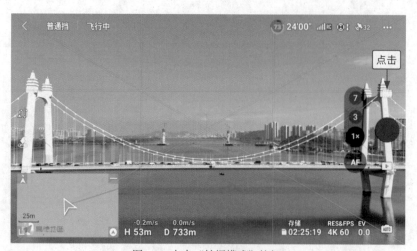

图1-2　点击"拍摄模式"按钮

步骤 02　在弹出的面板中，❶选择"一键短片"选项；❷默认选择"渐远"拍摄模式，如图 1-3 所示。

步骤 03 ❶在屏幕中以大桥对面的桥梁为框选目标，目标被选中之后，会被绿色的方框框起来；❷设置"距离"参数为100m；❸点击"Start"（开始）按钮，如图 1-4 所示。

图1-3 选择"渐远"拍摄模式

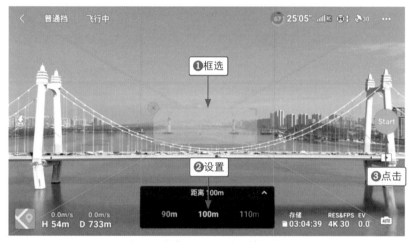

图1-4 点击"Start"（开始）按钮

步骤 04 执行操作后，无人机进行后退和拉高飞行，如图 1-5 所示。

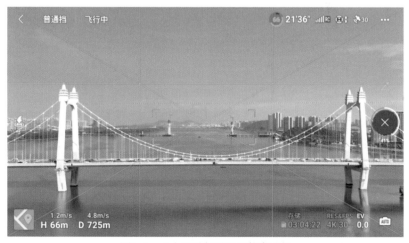

图1-5 无人机进行后退和拉高飞行

步骤 05　拍摄任务完成后，无人机将自动返回到任务起点，如图 1-6 所示。

图1-6　无人机将自动返回到起点

专家提醒　点击"距离"右侧的下拉按钮▽，可以更改飞行距离。点击目标位置上的⊕按钮，也可以选择目标。

1.1.2　冲天模式运镜

使用冲天模式拍摄时，在框选目标对象后，无人机的云台相机将俯视目标对象，然后上升飞行，离目标对象越来越远。使用冲天模式拍摄的视频效果如图 1-7 所示。

图1-7　使用冲天模式拍摄的视频效果

下面介绍具体的操作方法。

步骤 01　在拍摄模式面板中，❶选择"一键短片"选项；❷选择"冲天"模式，如图 1-8 所示。

步骤 02　❶在屏幕中框选小岛为目标；❷点击"高度"右侧的下拉按钮▽，如图 1-9 所示。

步骤 03　❶设置"高度"参数为 80m；❷点击"Start"（开始）按钮，如图 1-10 所示，无人机即可进行拉高飞行。

步骤 04　拍摄完成后，无人机将自动返回到任务起点，如图 1-11 所示。

图1-8 选择"冲天"模式

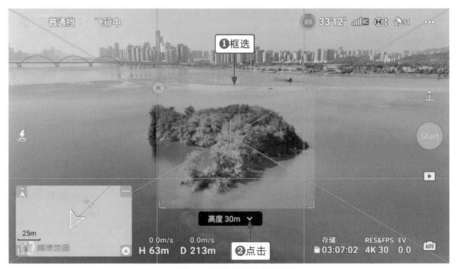

图1-9 点击下拉按钮

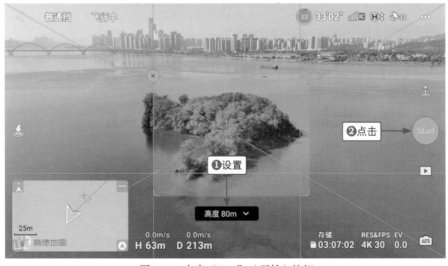

图1-10 点击"Start"（开始）按钮

图1-11　无人机将自动返回起点

1.1.3　环绕模式运镜

环绕模式运镜是指无人机围绕目标对象，并固定半径，环绕一周飞行拍摄。使用环绕模式拍摄的视频效果如图 1-12 所示。

图1-12　使用环绕模式拍摄的视频效果

下面介绍具体的操作方法。

步骤 01　在拍摄模式面板中，❶选择"一键短片"选项；❷选择"环绕"拍摄模式，如图 1-13 所示。

步骤 02　❶在屏幕中框选灯塔为目标，默认向右逆时针环绕飞行；❷点击"Start"（开始）按钮，如图 1-14 所示。

步骤 03　无人机开始围绕灯塔飞行，进行环绕模式拍摄，如图 1-15 所示。当无人机环绕 360°之后，会回到起点。

> **专家提醒**
>
> 在使用环绕模式拍摄一键短片时，需要选择合适的环绕对象，最好是固定不动的对象。在无人机进行环绕飞行时，用户还需要观察周围的环境，谨防出现事故。

图1-13　选择"环绕"拍摄模式

图1-14　点击"Start"（开始）按钮

图1-15　无人机围着灯塔进行环绕飞行

1.1.4 螺旋模式运镜

螺旋模式运镜是指无人机围绕目标对象飞行一圈，并逐渐拉升一段距离。使用螺旋模式拍摄的视频效果如图 1-16 所示。

图1-16 使用螺旋模式拍摄的视频效果

下面介绍具体的操作方法。

步骤 01 ❶在拍摄模式面板中选择"一键短片"选项；❷选择"螺旋"拍摄模式；❸点击 按钮，框选小船为目标，如图 1-17 所示。

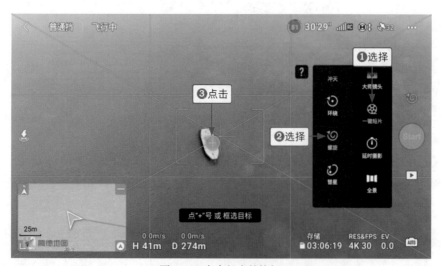

图1-17 点击相应的按钮

步骤 02 ❶默认选择顺时针环绕方式；❷点击"Start"（开始）按钮，如图 1-18 所示。

专家提醒 "环绕"和"螺旋"模式都可以选择环绕的方向，即选择顺时针或者逆时针环绕。

步骤 03 无人机围绕目标对象顺时针飞行一圈，并逐渐拉升一段距离，如图 1-19 所示。拍摄完成之后，无人机会返回到起点位置。

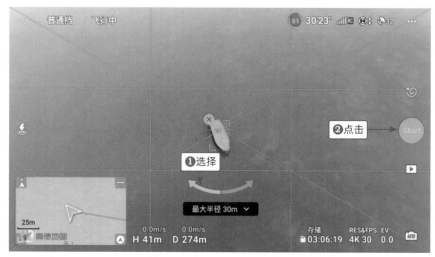

图1-18　点击"Start"（开始）按钮

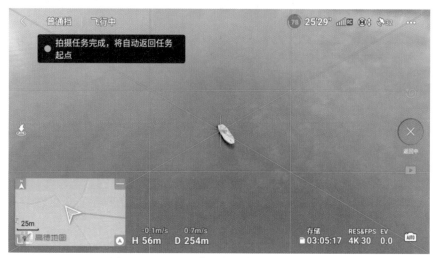

图1-19　无人机围绕目标对象顺时针飞行一圈

1.1.5　彗星模式运镜

使用彗星模式拍摄视频时，无人机将围绕目标飞行，并逐渐上升到最远端，再逐渐下降返回起点。使用彗星模式拍摄的视频效果如图 1-20 所示。

图1-20　使用彗星模式拍摄的视频效果

下面介绍具体的操作方法。

步骤 01　在拍摄模式面板中，❶选择"一键短片"选项；❷选择"彗星"拍摄模式，如图1-21所示。

图1-21　选择"彗星"拍摄模式

步骤 02　❶框选大桥上的建筑为目标；❷选择顺时针环绕方式；❸点击"Start"（开始）按钮，如图1-22所示，无人机围绕目标进行环绕上升飞行，最后会飞回起点。

> **专家提醒**
>
> 　彗星模式除了可以用来拍摄建筑、风景，还可以用来拍摄人物或者汽车。在拍摄的时候，构图是非常重要的，要先构图，再点击"Start"（开始）按钮。

图1-22　点击"Start"（开始）按钮

1.1.6　小行星模式运镜

使用小行星模式拍摄，可以完成一个从局部到全景的漫游小视频，效果非常有视觉冲击力。使用小行星模式拍摄的视频效果如图 1-23 所示。

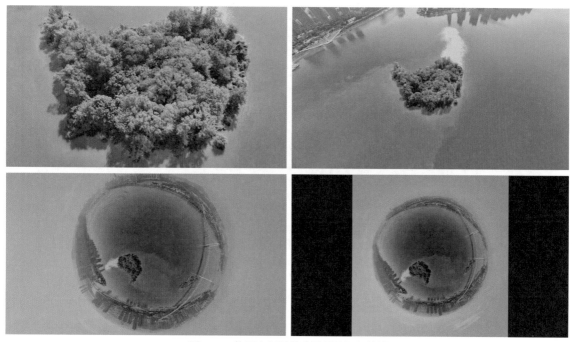

图1-23　使用小行星模式拍摄的视频效果

下面介绍具体的操作方法。

步骤 01　❶选择"一键短片"选项；❷选择"小行星"拍摄模式，如图 1-24 所示。

图1-24　选择"小行星"拍摄模式

步骤 02　❶用手指在屏幕中框选小岛为目标；❷点击"Start"（开始）按钮，如图1-25 所示，无
人机开始飞行拍摄。

图1-25　点击"Start"（开始）按钮

1.2　3种延时运镜

在使用无人机拍摄视频时，可以利用无人机的延时运镜模式，拍摄延时视频。本节将介绍 3 种延时
运镜，包含环绕延时、定向延时和轨迹延时，帮助大家掌握更多的智能运镜拍法。

1.2.1　环绕延时运镜

在环绕延时模式下，无人机可以根据框选的目标自动计算环绕半径，用户可以选择顺时针或者逆时
针环绕拍摄。在选择环绕目标时，尽量选择在位置上没有明显变化的对象。使用环绕延时模式拍摄的视
频效果如图 1-26 所示。

图1-26　环绕延时运镜视频效果

下面介绍环绕延时运镜的具体操作方法。

步骤 01　在 DJI Fly App 的相机界面中，点击右侧的"拍摄模式"按钮，如图 1-27 所示。

步骤 02　在弹出的面板中，❶选择"延时摄影"选项；❷选择"环绕延时"拍摄模式；❸点击
　　　　　按钮消除提示，如图 1-28 所示。

图1-27　点击"拍摄模式"按钮

图1-28　点击相应按钮

步骤 03　❶用手指在屏幕中框选目标；❷点击拍摄时间的下拉按钮，如图 1-29 所示。

步骤 04　在弹出的面板中，设置"逆时针"的环绕方向，之后点击"速度"按钮，如图 1-30 所示。

步骤 05　❶设置"速度"参数为 1.0m/s；❷点击按钮，如图 1-31 所示。

> **专家提醒**
>
> "速度"参数设置得越大，环绕的幅度就会越大；"视频时长"每增加一秒，"拍摄时间"也会进行相应的增加。此外，在实际拍摄时，请注意无人机的飞行高度不宜过高。

步骤 06　点击"拍摄"按钮，无人机测算一段距离之后，开始围绕目标拍摄序列照片，如图 1-32
　　　　　所示。

步骤 07 拍摄完成之后，无人机会自动合成视频，并弹出"视频合成完毕"提示，如图 1-33 所示。

图1-29 点击下拉按钮

图1-30 点击"速度"按钮

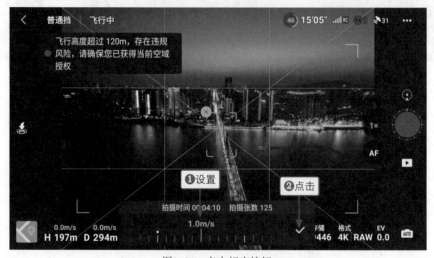

图1-31 点击相应按钮

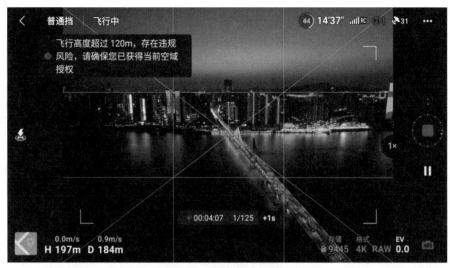

图1-32　无人机拍摄序列照片

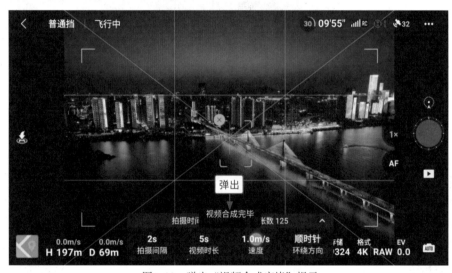

图1-33　弹出"视频合成完毕"提示

1.2.2　定向延时运镜

在定向延时模式下，如果不修改无人机的镜头朝向，无人机默认向前飞行。使用定向延时模式拍摄的视频效果如图1-34所示，也是一段前进延时视频。

图1-34　定向延时运镜视频效果

下面介绍定向延时运镜的具体操作方法。

步骤 01　在拍摄模式面板中，❶选择"延时摄影"选项；❷选择"定向延时"拍摄模式；❸点
　　　　 击　按钮消除提示，如图1-35所示。

图1-35　点击相应按钮

步骤 02　❶点击锁定按钮🔒锁定航向，设置"视频时长"为10s、"速度"为1.0m/s；❷点击"拍
　　　　 摄"按钮⚪，如图1-36所示。

图1-36　点击"拍摄"按钮

步骤 03　无人机拍摄完序列照片之后，界面中会显示合成进度，如图1-37所示。

步骤 04　稍等片刻，延时视频合成完毕，界面中会弹出"视频合成完毕"提示，如图1-38所示。

专家
提醒　　　在拍摄定向延时视频的时候，还可以通过框选目标来选择兴趣点，这样无人机在拍摄时，云台会始终
　　　 朝向兴趣点，不仅能展现主体周边的环境变化，还能拍摄甩尾延时视频。

图1-37　显示合成进度

图1-38　弹出"视频合成完毕"提示

1.2.3　轨迹延时运镜

使用轨迹延时模式拍摄视频时，需要设置画面的起幅点和落幅点。在拍摄之前，用户需要提前让无人机沿着航线飞行，到达所需的高度，设定朝向后再添加航点，航点会记录无人机的高度、朝向和摄像头角度。

全部航点设置完毕后，无人机可以按正序或倒序的方式拍摄轨迹延时视频。使用轨迹延时模式拍摄的视频效果如图 1-39 所示，这也是一段俯视旋转下降延时视频。

图1-39　轨迹延时运镜视频效果

下面介绍轨迹延时运镜的具体操作方法。

步骤 01　在 DJI Fly App 的相机界面中，点击右侧的"拍摄模式"按钮▢，如图 1-40 所示。

步骤 02　在拍摄模式面板中，❶选择"延时摄影"选项；❷选择"轨迹延时"拍摄模式；❸点击
　　　　　"请设置取景点"按钮，如图 1-41 所示。

图1-40　点击右侧的"拍摄模式"按钮

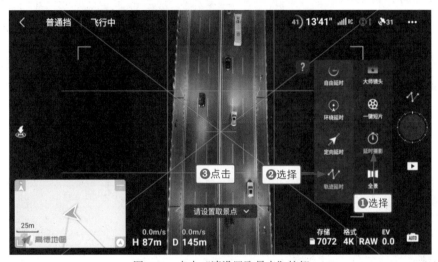

图1-41　点击"请设置取景点"按钮

步骤 03　在弹出的面板中点击　+　按钮，设置无人机轨迹飞行的起幅点，如图1-42所示。

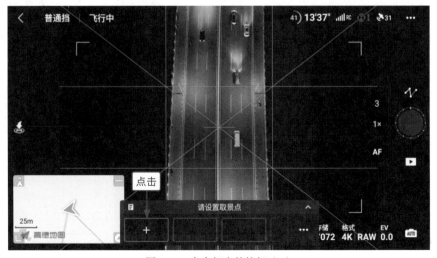

图1-42　点击相应的按钮（1）

步骤 04 向上推动左摇杆，让无人机向上飞行至一定的高度，向右推动左摇杆，让无人机顺时针旋转 51°，接下来调整无人机的位置，在"镜头朝向变化"面板中点击 **+** 按钮，添加落幅点，如图 1-43 所示。

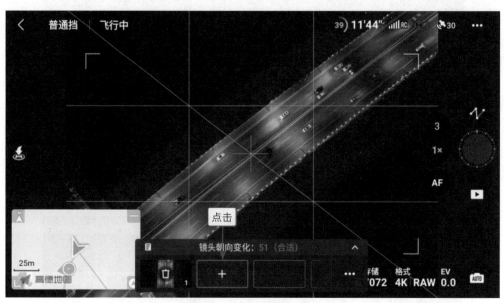

图1-43　点击相应的按钮（2）

步骤 05 点击"更多"按钮 ，❶设置"逆序"拍摄顺序，设置"拍摄间隔"为 2s、"视频时长"为 5s；❷点击"拍摄"按钮 ，如图 1-44 所示。

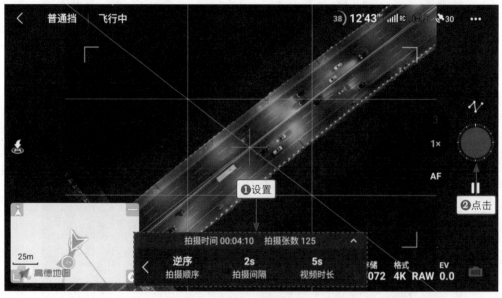

图1-44　点击"拍摄"按钮

专家
提醒　　"正序"是指从起幅点飞行到落幅点，"逆序"则是指从落幅点飞行到起幅点。

步骤 06 无人机从落幅点沿着轨迹进行逆序飞行并拍摄序列照片，拍摄完成后，弹出"正在合成视频"提示，如图1-45所示。

步骤 07 视频合成完毕之后，将会弹出"视频合成完毕"提示，如图1-46所示。

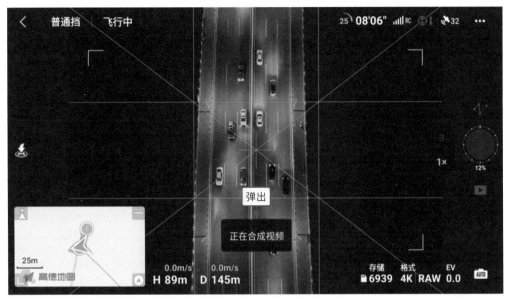

图1-45 弹出"正在合成视频"提示

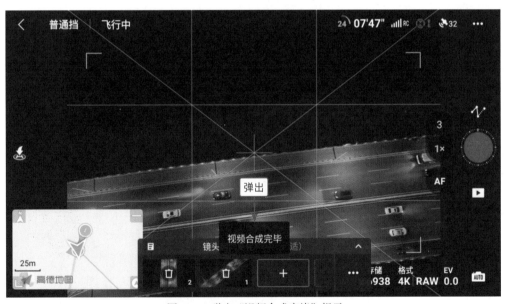

图1-46 弹出"视频合成完毕"提示

专家提醒

下面总结了一些航拍延时的拍摄要点。

① 飞行高度一定要尽量高（但要注意不要出现违规风险），有一定距离后，可以一定程度上忽略无人机带来的飞行误差。

② 飞行前校准指南针，减缓定向延时、轨迹延时在飞行方向上的偏差。

③ 要避免强光闪烁，避免画面中出现户外大屏、舞台灯光等。

④ 由于延时拍摄的时间较长，建议让无人机在满电或者电量充足的情况下拍摄，避免无人机没电，影响拍摄效率。

1.3 2种大师镜头运镜

"大师镜头"对于小白来说，是非常实用的一种智能拍摄模式。当面对目标物却不知道如何运镜时，在 DJI Fly App 的相机界面中选择"大师镜头"拍摄模式，能够给你带来不一样的视角和惊喜。

1.3.1 选择拍摄主体

在"大师镜头"模式下，无人机会根据拍摄对象自动规划出飞行轨迹。无人机是自动拍摄的，为了安全，建议用户选择宽广的环境，适当飞高一些。在拍摄运镜视频之前，需要先选择目标，可以通过框选或者点击目标对象的方式进行选择。下面介绍具体的操作方法。

步骤 01　在 DJI Fly App 的相机界面中，❶点击右侧的"拍摄模式"按钮；❷在弹出的面板中选择"大师镜头"选项，如图 1-47 所示。

图1-47　选择"大师镜头"选项

步骤 02　❶用手指在屏幕中框选目标对象；❷点击"Start"（开始）按钮，如图 1-48 所示。

步骤 03　界面中将会弹出"位置调整中"提示，此时，无人机会根据目标对象自动调整位置，如图 1-49 所示。

图1-48　点击"Start"（开始）按钮

图1-49　弹出"位置调整中"提示

1.3.2　拍摄运镜视频

无人机还能够自动运镜拍摄10段视频，下面介绍相应的运镜效果。

①无人机开始后退和上升拉高，远离目标主体，拍摄一段渐远镜头，如图1-50所示。

图1-50　拍摄渐远镜头

② 无人机后退拉高之后，开始围绕目标拍摄一段远景环绕镜头，如图 1-51 所示。

图1-51　拍摄远景环绕镜头

③ 无人机开始调整云台的俯仰镜头，拍摄抬头前飞镜头，如图 1-52 所示。

图1-52　拍摄抬头前飞镜头

④ 无人机开启 FPV 模式，拍摄左右倾斜前飞镜头，如图 1-53 所示。

图1-53　拍摄左右倾斜前飞镜头

⑤ 无人机进入长焦模式，拍摄一段近景环绕镜头，如图 1-54 所示。

图1-54 拍摄近景环绕镜头

⑥ 无人机一边后退，一边改变焦段，拍摄一段缩放变焦镜头，如图 1-55 所示。

图1-55 拍摄缩放变焦镜头

⑦ 无人机变焦之后，继续拍摄一段中景环绕镜头，如图 1-56 所示。

图1-56 拍摄中景环绕镜头

⑧ 无人机回到广角焦段，拍摄冲天镜头，如图 1-57 所示。

图1-57 拍摄冲天镜头

⑨ 无人机旋转 180°，慢慢降低高度拍摄下降镜头，如图 1-58 所示。

图1-58　拍摄下降镜头

⑩ 无人机在平拍下降镜头的基础上，旋转镜头，拍摄四周的环境，如图 1-59 所示。

图1-59　拍摄平拍旋转镜头

第 2 章　能手必练：
12 大手动运镜拍法

在电影或者电视剧中，会有一些超高角度、视野广阔的镜头，这些镜头是无法用普通的摄像机拍摄出来的，而是使用无人机进行航拍，才能展现出极具冲击力的画面。上一章我们学习了无人机的智能运镜拍法，本章将介绍手动运镜的拍法，帮助大家拍出流畅又好看的视频。

2.1 2种上下运镜

上下运镜是比较基础的运镜方式，但是在拍摄时也讲究一定的技巧，要避免出现画面背景杂乱、主体不突出的情况。本节将介绍 2 种上下运镜。

2.1.1 上升镜头

向上飞行是无人机航拍中最基础的飞行动作，无人机起飞后第一件事就是向上飞行。运用上升镜头，可以慢慢地展示建筑和其周围的环境，如图 2-1 所示。

图2-1　上升镜头

拍摄方法≫

向上推动左侧的摇杆，让无人机上升飞行，拍摄上升镜头。

专家提醒

本书所有的摇杆操控方式，均以"美国手"为例。

2.1.2　下降镜头

下降镜头可以慢慢地展示地面上的前景，转移画面主体，让观众有惊喜感，如图 2-2 所示。所以在拍摄时，需要用户先构思好飞行路线，这样才能表现出重点。

图2-2　下降镜头

拍摄方法≫

向下推动左侧的摇杆，让无人机下降飞行，拍摄下降镜头。

2.2　2种手动前进运镜

　　无人机在高空中，除了上、下飞行，还可以前进飞行。本节将介绍 2 种手动前进运镜，帮助大家入门手动运镜。

2.2.1　直线前进镜头

　　直线前进镜头主要有两种使用情境，第一种是无人机无目标地往前飞行，主要用来交代影片的环境，如图 2-3 所示；第二种是无人机对准目标向前飞行，画面中的目标会由小变大。

图2-3　直线前进镜头

向上推动右侧的摇杆，让无人机实现前进飞行，拍摄直线前进镜头。

2.2.2 前景揭示前飞镜头

前景揭示前飞镜头需要寻找前景，下面是以建筑为前景，让无人机前进飞行越过前景，拍摄远处的风光，如图 2-4 所示。

图2-4 前景揭示前飞镜头

向上推动右侧的摇杆,让无人机实现前进飞行,同时向上推动左侧的摇杆,让无人机上升一定的高度,越过建筑之后,向左拨动云台拨轮,让镜头从俯视转变为仰视,拍摄远处的风景。

2.3 2种手动后退运镜

在学习了前进运镜之后,本节将介绍 2 种手动后退运镜,帮助大家掌握相应的运镜技巧。

2.3.1 直线后退镜头

直线后退镜头主要用来展示主体周围的环境,让主体在画面中慢慢变小,周围的环境慢慢变大,展示广阔的空间,如图 2-5 所示。

图2-5 直线后退镜头

向下推动右侧的摇杆，让无人机实现后退飞行，拍摄直线后退镜头。

2.3.2　后退拉高镜头

后退拉高镜头会比直线后退镜头多一个推杆操作，这个镜头也可以用来交代主体周围的环境，适合放在视频的结束位置，如图 2-6 所示。

图2-6　后退拉高镜头

向下推动右侧的摇杆，让无人机后退飞行，同时向上推动左侧的摇杆，让无人机上升飞行，拍摄后退拉高镜头。

2.4 2种侧飞运镜

侧飞运镜，顾名思义，就是让无人机"侧着身子"飞行，比较常用的有向左侧飞和向右侧飞镜头，本节将分别进行介绍。

2.4.1 向左侧飞镜头

向左侧飞镜头是指无人机从右侧飞向左侧，从右向左展示画面，如图 2-7 所示。侧飞镜头能够慢慢地移动展示画面中的主体，适合拍摄具有水平延展性的主体。

图2-7 向左侧飞镜头

向左推动右侧的摇杆，让无人机向左飞行，拍摄向左侧飞镜头。

2.4.2 向右侧飞镜头

向右侧飞是一种右移镜头，与向左侧飞的方向刚好相反。无人机向右移动飞行，如果拍摄城市的街景，可以表现大场面、大纵深、多景物、多层次的复杂场景，如图 2-8 所示。

图2-8　向右侧飞镜头

向右推动右侧的摇杆，让无人机向右飞行，拍摄向右侧飞镜头。

2.5   2种旋转运镜

旋转运镜也称为原地转圈飞行镜头，是指当无人机飞到高空后，用户向左或者向右推动左侧的摇杆，让无人机进行原地旋转。本节将介绍 2 种旋转运镜。

2.5.1   向左旋转镜头

图 2-9 所示为一段向左旋转镜头，无人机在湘江上空向左旋转飞行拍摄，将周围的环境展示得非常全面。

图2-9   向左旋转镜头

拍摄方法》

向左推动左侧的摇杆，让无人机向左旋转机身，拍摄向左旋转镜头。

2.5.2　向右旋转镜头

除了用平拍的角度拍摄旋转镜头，还可以将无人机的相机云台垂直 90°朝下进行俯拍，用向右旋转镜头拍摄道路车流，画面会更有趣味性，如图 2-10 所示。

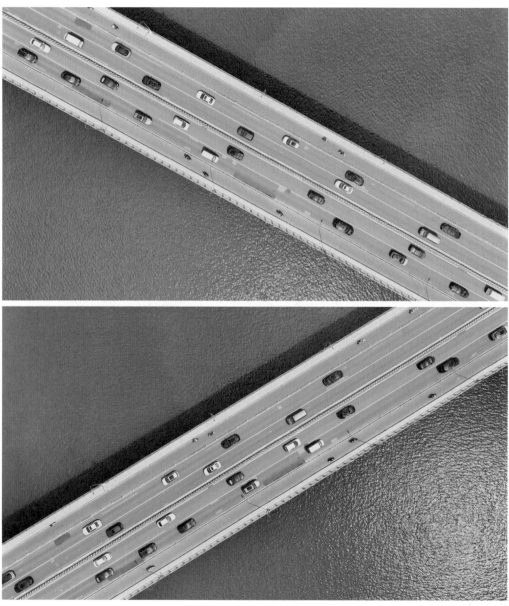

图2-10　向右旋转镜头

拍摄方法》

向右拨动云台俯仰拨轮至 90°朝向地面，向右推动左侧的摇杆，让无人机向右旋转机身，拍摄向右旋转镜头。

2.6 2种环绕运镜

环绕运镜也叫"刷锅"，是指无人机围绕某个物体做圆周运动，有向左环绕和向右环绕。无人机在环绕飞行之前，最好先找到环绕中心，如建筑等物体。本节将介绍 2 种环绕运镜。

2.6.1 向左顺时针环绕镜头

以建筑为主体，无人机在高处俯拍，并围绕建筑环绕拍摄，从正面向左侧顺时针环绕，拍摄到建筑的背面，如图 2-11 所示。

图2-11 向左顺时针环绕镜头

向右推动左侧的摇杆，同时向左推动右侧的摇杆，让无人机向左侧顺时针环绕主体，拍摄向左顺时针环绕镜头。

2.6.2 向右逆时针环绕镜头

以桥梁为主体，无人机以水平角度围绕桥梁建筑环绕拍摄，从桥梁的一侧向右侧逆时针环绕，拍摄到另一侧，如图 2-12 所示。

图2-12 向右逆时针环绕镜头

向左推动左侧的摇杆，同时向右推动右侧的摇杆，让无人机向右侧逆时针环绕主体，拍摄向右逆时针环绕镜头。

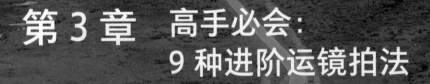

第3章 高手必会：
9 种进阶运镜拍法

为了拍摄出更好的视频画面效果，我们可以在航拍中加入一些进阶运镜拍法。在航拍运镜的过程中，需要注意打杆的流畅程度，因为打杆停顿或者速度不均匀的话，会导致画面出现卡顿，影响视频的观感。为了帮助读者提升航拍运镜水平，本章将介绍 9 种高手进阶运镜拍法。

3.1　5个高级组合运镜

当我们学会一些基础的运镜技巧之后，可以进行运镜组合，为视频增添色彩。本节将为大家介绍 5 个组合运镜，帮助大家轻松拍出高级感视频。

3.1.1　上升横移镜头

上升横移镜头主要是让无人机一边侧飞、一边上升，适合拍摄具有横向延伸感，且具有一定高度的主体，比如展现大桥主体与环境之间的关系，如图 3-1 所示。

图3-1　上升横移镜头

　　向上推动左侧的摇杆，让无人机上升飞行，同时向左推动右侧的摇杆，让无人机向左侧飞，拍摄上升横移镜头。

3.1.2　环绕靠近镜头

　　环绕靠近镜头以被摄主体为中心环绕点，无人机围绕主体进行环绕，并逐渐缩减环绕半径，由远及近地拍摄和聚焦主体，展现建筑主体与环境之间的关系，如图 3-2 所示。

图3-2　环绕靠近镜头

向左推动左侧的摇杆，同时向右上方推动右侧的摇杆，让无人机一边逆时针环绕，一边靠近主体，拍摄环绕靠近镜头。

3.1.3 下降前进镜头

下降前进镜头与上升后退镜头相反，无人机在下降的过程中进行前推，主体会慢慢变大，环境内容会变少，如图 3-3 所示。

图3-3 下降前进镜头

向上推动右侧的摇杆，让无人机实现前进飞行，同时向下推动左侧的摇杆，让无人机下降飞行，拍摄下降前进镜头。

3.1.4 旋转下降镜头

旋转下降镜头具有很强的运动感，可能还会让人产生眩晕感，可以很好地表现气氛和场景，适合用来拍摄道路等具有对称感的主体，如图 3-4 所示。

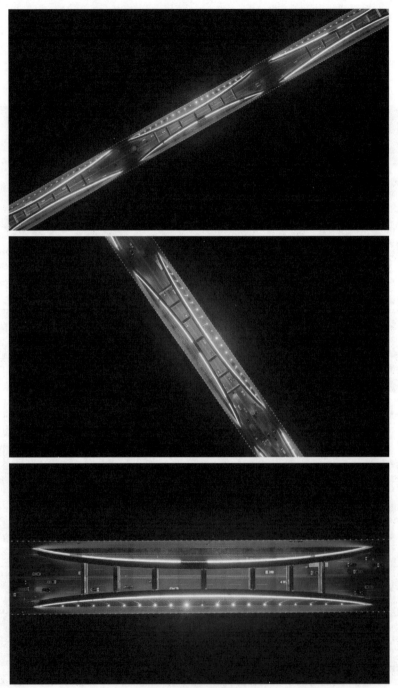

图3-4　旋转下降镜头

拍摄方法≫

向左拨动云台的俯仰拨轮，让无人机相机镜头旋转 90°垂直朝下，向右下方推动左侧的摇杆，让无人机一边旋转一边下降飞行，拍摄旋转下降镜头。

3.1.5 上升俯拍镜头

上升俯拍镜头需要调整云台的俯仰拨轮，这个镜头可以更好地表现主体，引导观众的视线，从而把大桥的纵深感展现得淋漓尽致，如图 3-5 所示。

图3-5 上升俯拍镜头

拍摄方法》

向上推动左侧的摇杆，让无人机上升飞行，同时食指慢慢地向左拨动云台俯仰拨轮，让相机镜头朝下俯拍，拍摄上升俯拍镜头。

3.2 4种炫酷运镜拍法

本节将介绍 4 种炫酷的运镜拍法，让拍出的视频更有创意。用户在学习这几种运镜拍法时，需要掌握无人机飞行拍摄的要领，从而拍摄出精彩的视频画面。

3.2.1 8 字飞行运镜

8 字飞行是比较有难度的一种飞行动作，当用户对前面几组飞行动作都已经很熟练了，接下来就可以练习 8 字飞行了。8 字飞行也是无人机飞行考试的必考内容。

8 字飞行会用到左右摇杆的很多功能，需要左手和右手完美配合。在 DJI Fly App 的相机界面中，点击左下角的地图，可以查看飞行轨迹。8 字飞行的轨迹如图 3-6 所示。

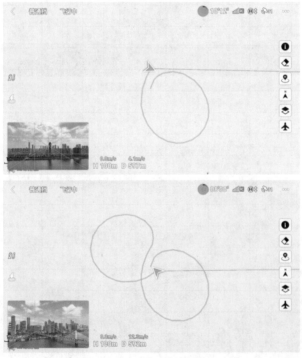

图3-6 8字飞行轨迹

下面介绍飞行方法。

①根据环绕飞行的动作，将右摇杆向左推动，同时左手向右推动左摇杆，让无人机顺时针飞行一圈。

②顺时针飞行完成后，立刻原地旋转 180°，转换机头方向。

③通过向左推动左摇杆，向右推动右摇杆，以逆时针方向再飞一个圈，这样就能飞出 8 字的轨迹来。如果操作不够熟练，轨迹不够清晰，可以多飞行几遍。

3.2.2　飞进飞出运镜

　　飞进飞出运镜是指将无人机往前飞行一段路径后，通过向左或向右旋转 180°，再飞回来。熟练掌握飞进飞出运镜，可以拍出飞跃的感觉，如图 3-7 所示。

图3-7　飞进飞出运镜

拍摄方法 》

　　向上推动右侧的摇杆，让无人机前进飞行一段距离；之后向右推动左侧的摇杆，让无人机旋转180°，调转方向；再向上推动右侧的摇杆，让无人机往回飞行一段距离。

3.2.3 旱地拔葱运镜

"旱地拔葱"是最近比较流行的一种拍摄建筑的玩法，这种玩法需要无人机有长焦镜头。在拍摄时，无人机需要在上升的过程中进行俯视，如图 3-8 所示。

图3-8 旱地拔葱运镜

拍摄方法》

开启 3 倍变焦，降低角度，让无人机先仰拍建筑。用户向上推动左侧摇杆，让无人机上升飞行，同时向左拨动云台的俯仰拨轮，让相机镜头慢慢地向下俯拍，始终保持前景的画面占比不变，让前景建筑后面的建筑群慢慢显露出来。

3.2.4　希区柯克变焦运镜

　　希区柯克变焦也称为滑动变焦，是指通过制作出被拍摄主体与背景之间的距离改变，而主体本身大小不会改变的视觉效果，营造出一种空间扭曲感，视频效果如图 3-9 所示。

图3-9　希区柯克变焦运镜

下面介绍具体的拍摄方法。

步骤 01 在相机界面中，❶点击"航点飞行"按钮 ，开启航点飞行，弹出相应的面板；❷在面板中点击下拉按钮 ，如图 3-10 所示。

图3-10 点击下拉按钮

步骤 02 在弹出的面板中，点击 按钮，添加航点 1，如图 3-11 所示。

图3-11 点击相应按钮（1）

步骤 03 向上推动右摇杆，让无人机前进飞行一段距离，点击 按钮，如图 3-12 所示，添加航点 2，再点击航点 1。

步骤 04 在弹出的面板中，设置"相机动作"为"结束录像"，如图 3-13 所示。

步骤 05 ❶点击"变焦"按钮，并设置 3 倍变焦；❷点击"返回"按钮 ，如图 3-14 所示。

步骤 06 点击航点 2，在弹出的面板中，❶设置"相机动作"为"开始录像"；❷点击返回按钮 ，如图 3-15 所示，点击更多按钮 ，弹出相应的面板。

步骤 07 ❶默认设置"全局速度"为 2.5m/s；❷点击"GO"按钮，如图 3-16 所示，无人机即可按照所设的航点飞行。在开始飞行时，可以点击"拍摄"按钮 拍摄视频。

图3-12　点击相应按钮（2）

图3-13　设置"相机动作"为"结束录像"

图3-14　点击返回按钮（1）

图3-15　点击返回按钮（2）

图3-16　点击拍摄按钮（1）

步骤 08　拍摄完成后，再次点击"拍摄"按钮■，停止拍摄，如图 3-17 所示。

图3-17　点击拍摄按钮（2）

第 4 章　大神运镜：
7 种模拟穿越机的拍法

大疆无人机中有两种云台模式，分别是"跟随模式"和"FPV 模式"。"跟随模式"是最常用的云台模式，无人机的云台相机会始终保持水平；而"FPV 模式"则可以让无人机航拍不再"沉稳"，模拟出穿越机的感觉，展现别样的飞行姿态。本章将介绍几种无人机模拟穿越机的拍法。

4.1 设置方法与技巧

如何用大疆无人机拍出类似于穿越机的动感呢？本节将介绍相应的设置方法与技巧，帮助读者体会到过山车般的飞跃感。

4.1.1 设置 FPV 模式

大疆无人机有两种云台模式，一般默认设置为"跟随模式"，云台会提供三轴增稳来确保拍摄画面的平稳和流畅。而"FPV（First Person View，第一人称主视角）模式"可以实现第一人称视角的飞行。下面介绍设置 FPV 模式的操作方法。

步骤 01 在 DJI Fly App 的相机界面中，点击右上角的 ••• 按钮，如图 4-1 所示。

图4-1 点击相应按钮

步骤 02 进入"安全"设置界面，点击"操控"按钮，如图 4-2 所示。

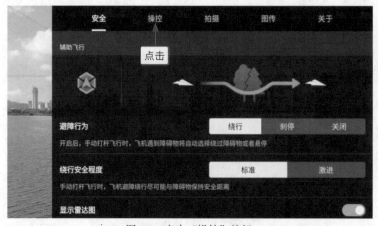

图4-2 点击"操控"按钮

步骤 03　进入"操控"设置界面，设置"云台模式"为"FPV 模式"，如图 4-3 所示，让无人机的
　　　　　云台跟随飞机运动的姿态而变化。

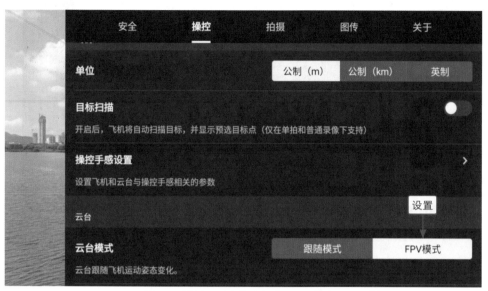

图4-3　设置"云台模式"为"FPV模式"

4.1.2　切换飞行挡位

　　为了让无人机的飞行速度更快、画面运动感更强，可以调整遥控器上的挡位，将其切换至 S 挡（运动
挡），加快飞行速度。不过 S 挡下的避障功能是关闭的，需要小心飞行。下面介绍相应的操作方法。

步骤 01　向右推动遥控器上的挡位切换键，把飞行挡位切换至 S 挡，如图 4-4 所示。

图4-4　向右推动遥控器上的挡位切换键

步骤 02　在 DJI Fly App 的相机界面中，左上角显示飞行挡位为"运动挡"，如图 4-5 所示，无人机
　　　　　的飞行速度会变得很快，需要小心飞行，避免撞到障碍物。

图4-5　左上角显示飞行挡位为"运动挡"

4.1.3　后期加快飞行速度

还可以通过后期软件来加快视频的播放速度，从而模拟出穿越机的速度感。下面介绍在剪映电脑版中加快视频播放速度的操作方法。

步骤 01　打开剪映电脑版，把视频素材导入剪映中，单击素材右下角的"添加到轨道"按钮 ⊕，如图 4-6 所示。

步骤 02　把视频素材添加到视频轨道中，如图 4-7 所示。

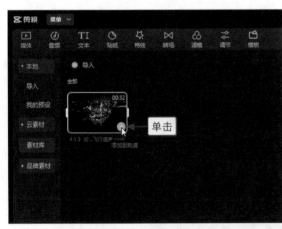

图4-6　单击"添加到轨道"按钮

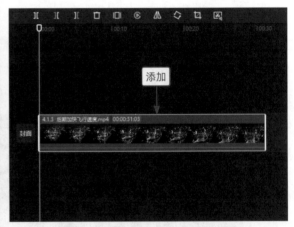

图4-7　把视频素材添加到视频轨道中

步骤 03　❶单击"变速"按钮，进入"变速"操作区；❷拖曳滑块，设置"倍速"为 7.8x，使 31.1s 的视频变成 4s 的视频，加快视频的播放速度，如图 4-8 所示。

图4-8　设置"倍速"为7.8x

下面介绍在剪映手机版中加快视频播放速度的操作方法。

步骤 01　打开剪映手机版，把视频素材导入视频轨道中，❶选择视频素材；❷点击"变速"按钮，如图 4-9 所示。

步骤 02　在弹出的二级工具栏中点击"常规变速"按钮，如图 4-10 所示。

步骤 03　拖曳滑块，设置"变速"为 7.8x，使 31.1s 的视频变成 4s 的视频，加快视频的播放速度，如图 4-11 所示。

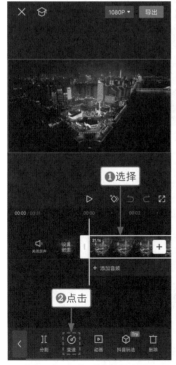
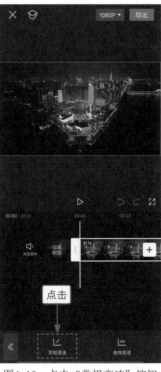
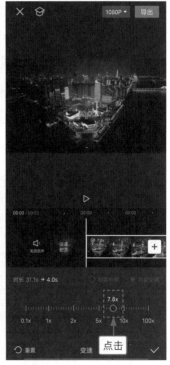

图4-9　点击"变速"按钮　　图4-10　点击"常规变速"按钮　　图4-11　设置"变速"为7.8x

4.2　4种穿越机运镜拍法

在设置云台为"FPV模式"之后，我们就能通过操作摇杆操纵无人机拍摄出穿越机般的运动镜头。本节将介绍4种穿越机运镜拍法。

4.2.1　倾斜前飞镜头

使用无人机倾斜镜头往前飞行即可实现穿越机般的灵活感，画面也会与"跟随模式"有所区别，画面不再水平，而是具有倾斜感，如图4-12所示。

图4-12　倾斜前飞镜头

在"FPV 模式"下，向上推动右侧的摇杆，让无人机实现前进飞行，同时向左推动左侧的摇杆，让无人机向左侧倾斜，拍摄倾斜前飞镜头。

4.2.2 倾斜旋转镜头

倾斜旋转镜头是指无人机倾斜相机镜头，并且向右旋转拍摄，类似于穿越机的急速转弯镜头，画面会给人一点眩晕感，如图 4-13 所示。

图4-13 倾斜旋转镜头

在"FPV 模式"下，向右推动右侧的摇杆，让无人机向右侧飞行，同时向右推动左侧的摇杆，让无人机向右侧倾斜并旋转，拍摄倾斜旋转镜头。

4.2.3 横滚前飞镜头

横滚前飞镜头在"大师镜头"模式中也有，画面会左右倾斜，展现出刺激感和不平衡感，如图 4-14 所示。

图4-14 横滚前飞镜头

拍摄方法 ≫

在"FPV 模式"下，向上推动右侧的摇杆，让无人机实现前进飞行，同时向左推动左侧的摇杆，让无人机向左侧倾斜，再向右推动左侧的摇杆，让无人机向右侧倾斜，拍摄横滚前飞镜头。

4.2.4　倾斜环绕镜头

倾斜环绕镜头是指让无人机在倾斜镜头的状态下，围绕主体进行环绕飞行拍摄，画面会给人一种身临其境的刺激感，如图 4-15 所示。

图4-15　倾斜环绕镜头

拍摄方法 》

在 "FPV 模式" 下，向右推动右侧的摇杆，同时向左推动左侧的摇杆，让无人机围绕建筑进行逆时针环绕飞行，拍摄倾斜环绕镜头。

专题实战篇

第5章 夕阳晚霞航拍专题：《落日余晖》

对于航拍来说，光线最好的时刻，就是日出和日落前后一小时，这也是拍摄朝霞和晚霞最好的时刻。霞是日出和日落前后，阳光通过厚厚的大气层，被大量的空气分子散射的结果。空中的尘埃、水汽等杂质越多，其色彩越明显。如果有云层，云块也会染上橙红艳丽的颜色。本章将介绍如何拍摄夕阳晚霞。

5.1　航拍技巧

夕阳晚霞存在的时间可能只有几十分钟，如何才能留下这些美丽的时刻呢？本节将介绍相应的航拍技巧。

5.1.1　拍摄准备

航拍夕阳晚霞，最不能少的准备步骤就是提前去拍摄地点踩点、查看天气预报和调整无人机相机的曝光与白平衡，下面介绍相应的内容。

1．提前踩点

一张好的照片和一段精美的视频离不开好的机位，无人机的电量有限，只有预先了解拍摄地点，规划好拍摄位置和飞行路线，才能精准把握拍摄角度，拍摄出美丽的落日和晚霞。

在城市中航拍夕阳晚霞，可以利用一些建筑物，如高楼、古建筑或特色建筑做前景，它们可以与云彩形成对比，增强画面的吸引力。

如果在自然环境中航拍日出晚霞，那么利用群山、湖泊和树木作为前景，可以让画面更加立体，具有层次感，如图 5-1 所示。在有条件的环境中，还可以利用人或者动物为主体，航拍夕阳或者晚霞，让画面更有生机和趣味。

图5-1　利用群山作为前景

2．查看天气预报

日落时分的晚霞并不是每天都会有,所以,要学会提前查看天气预报,根据天气预报判断日落时刻和晚霞的出现概率。

如果当天的天气不好,比如下雨、刮风或者阴霾,那么晚霞出现的概率就比较低;如果天气晴朗,空气湿度适中,天空有云彩,且能见度也比较高,那么晚霞出现的概率就会变大。夕阳晚霞一般在日落的区域出现,也就是会出现在西边的天空。

夏季晴天的日落时分,是航拍晚霞的最好时间,在这个时段,云彩和晚霞都会有绚烂的色彩,画面极具冲击力,如图 5-2 所示。

图5-2　在晴天的日落时分航拍晚霞

3．调整相机的曝光与白平衡

相机里的画面与肉眼所看到的画面是有差异的,相机拍摄出来的云霞的颜色,可能会显得比较灰。为了给后期更多的调整空间,我们在拍摄时可以通过手动模式调整曝光,试着降低 ISO 数值,让画面稍微欠一点曝光,这样可以保留更多的细节信息。

如果色彩的饱和度不够,我们还能手动设置相机的白平衡参数来改变色温。在日出和日落时刻,天空一般都是暖色调,我们可以提高白平衡参数,让画面偏暖黄色。如果在天空呈蓝色的时刻拍摄,可稍微降低白平衡参数,让画面偏蓝调。

为了给后期保留更多的操作空间,建议用户在拍摄时,将照片保存为 RAW 格式,将视频保存为 D-Log 格式。

如果有无人机的滤镜套装,也可以给相机镜头装上滤镜拍摄,不过装上滤镜之后,还需要进行手动对焦拍摄。

5.1.2 拍摄技巧

夕阳晚霞那么美，在实际的拍摄过程中，我们需要掌握哪些拍摄技巧呢？下面进行相应的介绍，帮助大家拍出精彩视频。

1．光影结合

在拍摄夕阳晚霞时，一般是逆光拍摄。因为天空中的云霞是比较亮的，所以云霞和地面上的景物就会出现明显的明暗对比，这样的对比很适合拍摄剪影。

剪影是什么呢？在逆光条件下拍摄的影像，就称为剪影。剪影是光影的最佳诠释，具有很强的明暗对比，主体会变得很突出，画面也会具有震撼感。如图 5-3 所示，画面中的群山与霞光形成了明暗对比，群山只有轮廓，忽略了细节，画面变得非常简洁。

图5-3　拍摄剪影画面

在拍摄剪影的时候，选择合适的主体非常重要，最好找寻具有线条感的主体。主体需要处于光源与相机镜头之间的位置，这样才能拍出轮廓感和美感。

2．寻找前景、中景

如果画面中只有晚霞，就会比较单调、缺少趣味性。为了让画面看起来更有层次感，可以借用前景和中景，再以天空为背景，丰富画面内容。

图 5-4 所示为以人站在山顶上为前景、远处的群山为中景、日落晚霞为背景的航拍画面，可以看到画面层次感很足，而且红衣女子还有着点缀画面的作用。

在拍摄时，寻找合适的前景和中景有利于构图。此外，掌握三分法、二分法、九宫格等构图方式，能够提升画面的美感。

图5-4　有前景、中景和背景的航拍画面

5.2　夕阳晚霞运镜拍法

晚霞存在的时刻是非常短暂的，一般只有半个小时，我们需要把握时间进行拍摄。本节将介绍夕阳晚霞的运镜拍法，帮助大家把美景保存下来。

5.2.1　使用长焦升镜头拍摄晚霞

使用长焦镜头具有以下好处：一是可以压缩画面空间，让画面变得简洁；二是不用让无人机变动距离，节约飞行时间和电量。在拍摄晚霞的时候，以建筑为前景，可以拍出层次感，如图 5-5 所示。

图5-5　使用长焦升镜头拍摄晚霞

拍摄方法 》

在相机飞行界面中点击"3"按钮，可以开启 3 倍变焦，向上推动左侧的摇杆，让无人机上升飞行，拍摄长焦升镜头。

5.2.2 使用后退侧飞镜头拍摄晚霞

在城市拍摄晚霞的时候，建筑可以作为前景，让无人机进行后退侧飞，把美景慢慢呈现出来，如图 5-6 所示。不过用户需要注意无人机的飞行安全，尤其是在周围都是建筑物的环境中需要非常小心，因为夜间无人机的避障功能是失效的。

图5-6　使用后退侧飞镜头拍摄晚霞

拍摄方法》

向下推动右侧的摇杆，让无人机实现后退飞行，同时左手向左上方推动左侧的摇杆，让无人机向左上方飞行，拍摄后退侧飞镜头。

5.2.3 使用抬头前飞镜头拍摄晚霞

抬头前飞镜头是指无人机在俯视拍摄的过程中前进飞行，并调整云台俯仰拨轮，把镜头抬起来拍摄前方，渐渐地展现晚霞美景，让观众有代入感，眼前一亮，如图 5-7 所示。

图5-7　使用抬头前飞镜头拍摄晚霞

拍摄方法》

　　先让云台相机镜头旋转 90° 朝向地面，再向上推动右侧的摇杆，让无人机实现前进飞行，同时向右拨动云台的俯仰拨轮，让无人机相机慢慢抬头，拍摄抬头前飞镜头。

拍摄好抬头前飞镜头的诀窍如下：一是规划好飞行路线，保证无人机在抬头之后就能拍摄到绝美的画面；二是匀速推杆和拨动云台俯仰拨轮，保证画面的流畅度。

5.2.4 使用定向延时模式拍摄晚霞

为了让视频画面显得不那么平淡，可以用定向延时模式拍摄晚霞，让视频更加具有动感。在无人机前进飞行的时候，大桥上的彩灯刚好亮起来，晚霞与灯光交相辉映，会让画面非常生动，如图 5-8 所示。但这需要提前掌握亮灯的时间规律，规划好拍摄时间。

图5-8 使用定向延时模式拍摄晚霞

下面介绍具体的拍摄方法。

步骤 01　在 DJI Fly App 的相机界面中，点击右侧的"拍摄模式"按钮□，如图 5-9 所示。

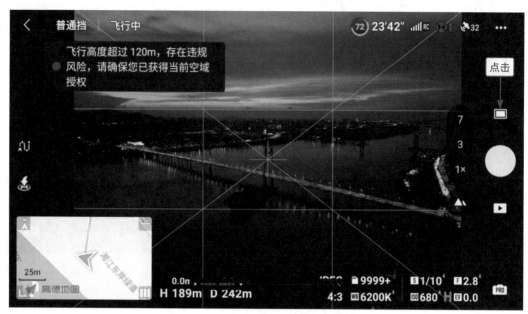

图5-9　点击右侧的"拍摄模式"按钮

步骤 02　在弹出的面板中，❶选择"延时摄影"选项；❷选择"定向延时"拍摄模式，点击🖼️按钮，消除提示；❸点击🔓按钮，锁定航线，如图 5-10 所示。

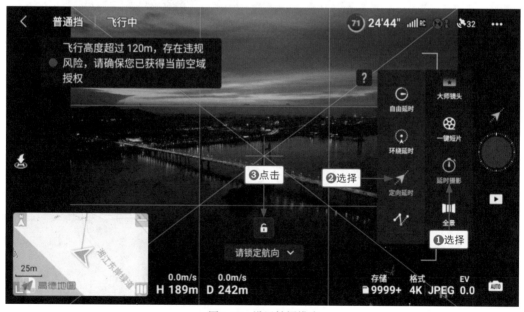

图5-10　设置拍摄模式

步骤 03　点击"拍摄"按钮⚫，无人机开始拍摄序列照片，照片拍摄合成完成后，将弹出"视频合成完毕"提示，如图 5-11 所示。

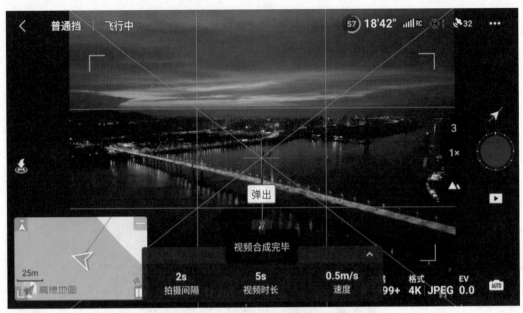

图5-11 弹出"视频合成完毕"提示

步骤 04 继续锁定航线,点击"拍摄"按钮,再拍摄一段 5s 的前进延时视频,如图 5-12 所示,后期把两段延时视频合成为一段。用户还可以直接设置"视频时长"为 10s,这样就能一次性拍摄一段 10s 的前进延时视频,不过需要规划好电池电量,以保障无人机的飞行和拍摄。

图5-12 再拍摄一段5s的前进延时视频

第 6 章　城市建筑航拍专题：《山水洲城》

对于高大的建筑来说，用鸟瞰视角来拍摄，可以呈现出不同寻常的画面。无人机可以多视角地拍摄气势恢宏的建筑，尤其是高楼大厦，航拍视角能展现出其高耸和立体的特点。在实际拍摄的过程中，可以用不同的运镜技巧来拍摄建筑，画面会更有冲击力。本章将介绍航拍建筑的技巧。

6.1 航拍技巧

建筑在城市中是最常见的，尤其是一些地标性建筑，不仅高耸，而且还富有几何美，本节将介绍相应的航拍技巧。

6.1.1 拍摄技巧与注意事项

不同类型的城市建筑有不同的美，为了拍摄出建筑的美，拍摄之前需要注意一些事项。

1. 在飞行之前规划路线

在航拍之前，需要了解建筑周围的环境，避免信号被遮挡或者出现其他突发事件。尤其要规划好飞行路线，避免起飞或者降落时不顺利，因为在起飞和降落的时候，无人机是飞得比较低的，如果没有规划好路线，很容易出现突发事件。

当无人机飞行在建筑周围的上空时，也需要按照规划好的路线飞行，因为无人机的电池电量是有限的，如果没有规划好路线，可能出现电池电量不够的情况，那么就会浪费时间和精力。所以，规划飞行路线是非常重要的。

2. 控制好飞行高度和速度

建筑有一定的高度，在进行航拍的时候，需要控制好无人机飞行的高度与速度，保证无人机的安全，切记不要飞得太猛，避免出现"紧急刹车"的情况。保持平稳的飞行速度，也能让无人机拍摄出来的画面更稳定，尤其是在航拍视频的时候，需要让无人机匀速飞行。

3. 选择合适的时间与天气

航拍需要一定的光线环境，这样能保证画面的质量。建议用户在早晨或傍晚进行拍摄，这样可以获得柔和的光线和丰富的色彩，如图 6-1 所示。

尽量选择晴朗且风小的时间拍摄，这样可以保证拍摄出来的画面更清晰和稳定。

4. 选择合适的拍摄角度

在航拍建筑的时候，可以多角度拍摄，比如用俯拍、平拍和仰拍等角度，这样可以拍摄出建筑在不同角度的美，也可以避免观众审美疲劳。

5. 注意飞行安全

在建筑周围航拍的时候，一定要注意无人机的飞行安全，因为建筑附近的玻璃幕墙会影响无人机的

GPS 信号。用户需要尽量保持无人机的图传信号稳定，万一出现问题，一定要保持冷静，让无人机上升并飞到附近无建筑物的区域，待信号稳定之后，再让其返航。

无人机在建筑周围低空飞行的时候，需要注意周围的障碍物，如图 6-2 所示，因为建筑周围一般都会有人群，万一无人机炸机坠下，后果将不堪设想。所以，最好保持无人机与建筑之间的安全距离。

图6-1　在傍晚航拍建筑

图6-2　需要注意周围的障碍物

6.1.2 选择合适的构图方式

建筑具有结构美，尤其是对称美，在拍摄建筑的时候，可以采用对称构图进行拍摄。图 6-3 所示为使用对称构图拍摄的福元路跨江大桥建筑局部，可以看到，桥梁建筑左右对称，画面具有规整美，平衡又稳定。

除了左右对称构图，还可以使用上下对称构图拍摄桥梁建筑。如图 6-4 所示，桥梁与水面上的倒影刚好形成上下对称，画面具有镜像美。

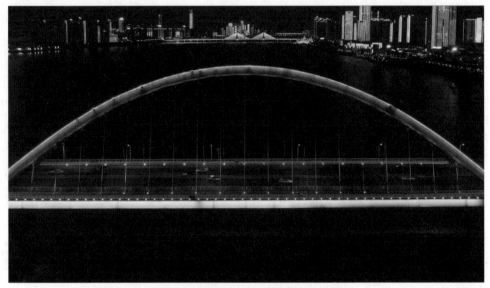

图6-3　使用对称构图技巧拍摄的桥梁建筑

图6-4　使用上下对称构图拍摄的桥梁建筑

6.1.3 使用竖拍全景模式航拍建筑

建筑一般具有延展性，运用竖拍全景的方式拍摄桥梁建筑，可以把建筑的形状全部展示出来，还能交代建筑周围的环境，如图 6-5 所示。

这种拍摄方法适合拍摄具有对称感的桥梁建筑，需要无人机在对称中心进行航拍。

图6-5　竖拍全景桥梁建筑照片（后期90°旋转效果）

下面介绍竖拍全景的具体拍摄方法。

进入拍照模式界面，❶选择"全景"选项；❷选择"竖拍"全景模式；❸点击"拍摄"按钮◯，如图 6-6 所示，无人机即可拍摄并合成全景照片。

图6-6　点击"拍摄"按钮

6.2　城市建筑运镜拍法

在航拍建筑的时候，需要根据建筑的特点，采用不同的拍摄角度和运镜方式，这样才能多角度地展现建筑的美。本节将介绍相应的运镜拍法。

6.2.1　使用俯视旋转上升镜头拍摄建筑

对于有几何形状的建筑，可以让无人机的相机镜头旋转 90°朝下俯视拍摄，并慢慢拉升镜头，拍摄建筑的全景和远景，如图 6-7 所示。

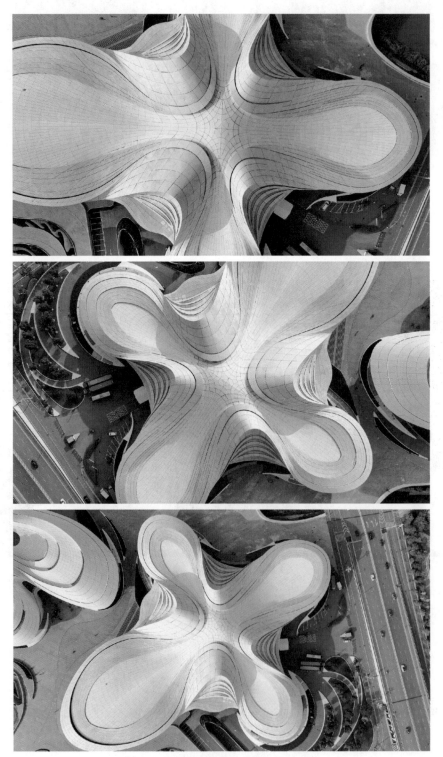

图6-7　使用俯视旋转上升镜头拍摄建筑

拍摄方法 »

向左拨动云台俯仰拨轮，使无人机相机镜头旋转 90°垂直朝下，向右上方推动左侧的摇杆，让无人机旋转上升飞行，拍摄俯视旋转上升镜头。

6.2.2 使用前飞仰拍镜头拍摄高楼建筑

对于高耸的楼盘建筑，可以让无人机在前飞靠近建筑物的同时，调整相机镜头的角度，仰拍建筑，让建筑显得更加高大，如图 6-8 所示。

图6-8　使用前飞仰拍镜头拍摄高楼建筑

拍摄方法 »

右手向上推动右摇杆，让无人机前进飞行，同时左手向右拨动云台俯仰拨轮，让无人机相机镜头慢慢抬高来仰拍建筑。

6.2.3 使用长焦侧飞镜头拍摄建筑群

运用长焦镜头拍摄，可以让画面具有压迫感，同时，让无人机进行侧飞，景别变化由近及远，画面会更有层次感，如图 6-9 所示。

图6-9　使用长焦侧飞镜头拍摄建筑群

拍摄方法 »

将无人机开启 3 倍变焦，并向右推动右侧的摇杆，让无人机慢慢向右侧飞，拍摄到高楼后面的建筑群。

6.2.4 使用上升推近环绕镜头拍摄高楼建筑

上升推近环绕镜头是指无人机从低到高环绕建筑物，在环绕的过程中，慢慢贴近建筑物，从而突出画面重点，展现高楼建筑，如图 6-10 所示。

图6-10　使用上升推近环绕镜头拍摄高楼建筑

拍摄方法》

左手向右上方推动左摇杆，右手向左上方推动右摇杆，让无人机上升飞行，并靠近和环绕建筑物。

专家提醒

下降拉远环绕镜头的打杆方式与上升推近环绕镜头的打杆方式刚好方向相反。环绕镜头主要有顺时针和逆时针之分，不管顺时针环绕还是逆时针环绕，在拍摄上升、下降、靠近、拉远环绕镜头的时候，打杆的方式是相通的。

打杆的幅度会影响环绕的速度，为了让环绕镜头拍摄得更流畅，最好保持匀速打杆，不要随意变动打杆幅度，不然画面会变得忽快忽慢。

6.2.5 使用俯视下降镜头拍摄桥梁建筑

俯视下降镜头也是无人机相机镜头垂直向下 90°，这种镜头也叫"鸟瞰视角""上帝视角"，可以让画面更有视觉冲击力，如图 6-11 所示。

图6-11　使用俯视下降镜头拍摄桥梁建筑

拍摄方法》

向左拨动云台俯仰拨轮，使无人机相机镜头旋转 90° 垂直朝下，向下推动左侧的摇杆，让无人机下降飞行，拍摄俯视下降镜头，让画面中的主体慢慢变大。

6.2.6 使用上升前进俯视镜头拍摄桥梁建筑

上升前进俯视镜头是一个具有难度的镜头，在拍摄的时候，画面角度是不断在变化的，这需要打杆和云台调整相配合，同时还需要注重画面的构图，如图 6-12 所示。

图6-12 使用上升前进俯视镜头拍摄桥梁建筑

拍摄方法 》

向上推动左摇杆，让无人机上升飞行，同时向左拨动云台俯仰拨轮，让无人机俯视拍摄，还需要向上推动右摇杆，让无人机前进飞行至桥梁建筑物的上方。

第 7 章　公园风光航拍专题：《大美湖景》

公园是一个城市文化底蕴和精神风度的表现，记录着城市中心内涵的更替和成长，反映着市民的品位和素质追求，见证着城市的发展，它更像是一种细胞，流淌在城市的血液中。不同角度、不同光线下的公园会有不同的风光，如何航拍公园？本章将带领大家掌握相应的航拍技巧。

7.1 航拍技巧

城市公园不仅提升了市民的生活质量，还为城市风光爱好者提供了绝佳的拍摄素材，使美景变得更易获取了。那么航拍爱好者们该如何拍摄公园风光呢？本节将介绍相应的技巧。

7.1.1 拍摄技巧与注意事项

在航拍公园风光时，需要掌握一定的拍摄技巧和注意事项，才能让航拍过程变得顺利又安全，下面介绍相应的内容。

1. 选择适合航拍的角度

在航拍公园的时候，无人机处于不同的高度和角度，画面也会有不同的张力。

图 7-1 所示为无人机在高空中平拍到的公园场景，树木为前景，湖景和建筑为中景，天空为背景，画面层次感十足。

平拍角度很常见，在这个角度下的被摄对象不容易变形，也会让观众感到亲切和自然。

图7-1　无人机在高空中平拍到的公园场景

图 7-2 所示为无人机在高空将镜头旋转 90°朝向地面航拍到的场景，以道路为画面分割线，一蓝一绿的色调、一疏一密的画面内容形成了强烈的对比。俯拍有利于展现地平面上的景物层次、数量、位置

等，让人产生一种辽阔的感觉。

除此之外，还可以进行仰拍，不过仰拍角度适合拍摄高耸的主体，比如公园中的古楼、高塔、大树等物体。

图7-2 无人机在高空将镜头旋转90°朝向地面航拍到的场景

2. 选择航拍的最佳时间

在不同时间航拍的效果会有不同。比如在雾天航拍，画面就比较模糊，风景若隐若现，可以表现"雾中风景"的朦胧效果，如图 7-3 所示；在日出或者日落时刻航拍，这时候光线会比较柔和，可以最大化地表现场景，如图 7-4 所示。

在不同的时间航拍同一公园的话，所表现出来的氛围也是有差距的，因此，要根据想表达的氛围选择最佳拍摄时间。

3. 规避障碍物

城市公园的环境是比较复杂的，如何规避附近的障碍物，保证无人机的安全呢？下面为大家介绍一些技巧。

① 提前查看天气。无人机在天空中如果遇到了大风、大雾等天气，不仅会影响航拍画面的质量，还会影响飞行的安全，因为在大雾天气，无法从图传屏幕中看到障碍物的位置，无人机的视觉避障系统也会失效。

② 找寻制高点。尽量在空旷和人少的地方飞行，可以在楼顶的天台或者平坦的山顶起飞无人机。周

围空旷的地方不会遮挡遥控器的信号，就算无人机遇到了障碍物，也能快速刹车。如果信号不好，不能紧急刹车，那么无人机就会撞到障碍物。

图7-3　在雾天航拍

图7-4　在日落前后航拍

③ 开启避障功能。可以在"安全"设置界面中开启避障功能，比如选择"绕行"或者"刹停"来避开障碍物。

④ 选择合适的飞行挡位。尽量使用平稳挡或者普通挡飞行，因为在运动挡位下，无人机的避障功能是关闭的，飞行速度也比较快，对新手来说，在航拍的时候，可能不那么容易规避障碍物。此外，在推动遥控器上摇杆的时候，推杆的幅度可以小一点，这样飞行速度也能平缓一些，飞行会更加安全。

⑤ 尽量让无人机飞高一点。无人机在公园中低空飞行，有建筑群、树木、高压线等障碍物的威胁，所以尽量把无人机飞高一点，也能保障无人机的飞行安全。

7.1.2　掌握公园航拍的构图技巧

一段精彩的航拍视频离不开好的构图。在对焦和曝光都正确的情况下进行构图，会让作品更具美感。在航拍的时候，可以用二分线构图拍摄，这种构图方式给人的感觉是辽阔和平静。二分线构图法是以一条水平线为参照来进行构图，如图 7-5 所示为以地平线为水平线，天空与地景各占画面的二分之一。

图7-5　使用水平线构图法航拍的画面

除了二分线构图，还有三分线构图。三分线构图就是将画面从横向或纵向分为三个部分，这是一种非常经典的构图方法，也是大师级摄影师偏爱的一种构图方式，将画面一分为三，比较符合人的视觉习惯，而且画面不会显得很单调。图 7-6 所示为使用横向三分线构图方法拍摄的画面，天空占据了画面的三分之一，地景占据了画面的三分之二，从而展现城市风光的辽阔感。

图7-6　使用三分线构图法航拍的画面

7.1.3　使用 180° 全景模式航拍风光

　　180° 全景是指 21 张照片的拼接效果，以地平线为中心线，天空和地景各占照片的二分之一。图 7-7 所示为使用无人机拍摄的 180° 全景照片效果。

　　180° 全景照片可以容纳的画面内容比较多，这也给了后期更多的处理空间。

图7-7　180° 全景照片效果

　　下面介绍 180° 全景照片的具体拍摄方法。

进入拍照模式界面，❶选择"全景"选项；❷选择"180°"模式；❸点击"拍摄"按钮◖，如图7-8所示，无人机即可拍摄并合成全景照片。

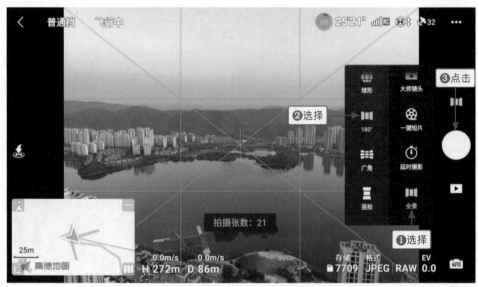

图7-8　设置180°全景拍摄模式

7.2　公园风光运镜拍法

在航拍风光的时候，要善于利用高度、角度和构图，增加画面的美感和艺术感染力。本节将介绍公园风光的运镜拍法，从空中领略公园风光之美。

7.2.1　使用前进上摇镜头拍摄公园风光

在拍摄前进上摇镜头的时候，需要云台配合得当，还需要注意画面内容的变化，先找寻前景，再转换画面内容，实现"柳暗花明又一村"的视觉效果，如图7-9所示。

图7-9　使用前进上摇镜头拍摄公园风光

先俯拍前景，再向上推动右侧的摇杆，让无人机前进飞行，同时左手向右拨动云台俯仰拨轮，让无人机镜头慢慢上摇，拍摄前方的风景。

7.2.2 使用下降俯拍镜头拍摄公园风光

当无人机飞行到一定的高度时，在平拍角度下，可能天空占据的画面内容比较多，但是如果天空中没有白云，画面就会显得很单调。这时需要无人机慢慢下降，并让云台进行俯拍，从而拍摄到更多的地景内容，如图 7-10 所示。

图7-10 使用下降俯拍镜头拍摄公园风光

左手大拇指向下推动左侧的摇杆，让无人机实现下降飞行，同时左手食指向左拨动云台俯仰拨轮，让无人机云台向下俯拍。

7.2.3　使用向左飞行镜头拍摄公园风光

公园中一般会有湖、河、池塘等水流，在水面的映衬下，周围的建筑物、树木等物体会产生倒影，这时使用水平线构图方式拍摄，就会让画面具有对称感，同时可以让无人机进行侧飞，让画面具有流动感，如图 7-11 所示。

图7-11　使用向左飞行镜头拍摄公园风光

拍摄方法》

先让无人机飞行至一定的高度，再调整云台的俯仰角度，让周围的建筑物和水面倒影形成上下对称构图，右手向左推动右摇杆，让无人机向左边侧飞，拍摄向左飞行镜头。

7.2.4　使用俯视前飞拍摄公园风光

对于公园中有对称感的道路、园林等建筑，使用垂直 90°朝下的俯拍角度，可以让画面更有几何感，同时还需要让无人机飞到相应的高度，才能把画面拍全。无人机在前飞的时候，可以展现更多的风光，如图 7-12 所示。

图7-12　使用俯视前飞拍摄公园风光

拍摄方法》

向左拨动云台俯仰拨轮，使无人机相机镜头旋转 90°垂直朝下，向上推动右侧的摇杆，让无人机前进飞行，拍摄俯视前飞镜头。

7.2.5 使用后退上升镜头拍摄风光

在视频快要结束的时候，可以使用后退上升镜头。无人机在后退上升的时候，画面中的环境内容变得越来越多，前景也不断地出现，如图 7-13 所示。在拍摄后退镜头的时候，需要注意无人机背面的环境，不要撞到障碍物。

图7-13　使用后退镜头拍摄公园风光

拍摄方法》

向下推动右侧的摇杆，同时向上推动左侧的摇杆，让无人机一边后退、一边上升，拍摄后退上升镜头。

第 8 章　唯美人像航拍专题：
《国风女孩》

无人机不仅可以用来航拍风景，还可以用来航拍人像，从而呈现出更大的视野，拍摄出别样角度的人像照片和视频。在航拍人像的过程中，需要先掌握注意事项和拍摄技巧，用来指导实战拍摄。本章将详细地介绍人像航拍的技巧，帮助大家拍出精彩大片。

8.1   航拍技巧

在使用无人机拍摄人像时，需要掌握一定的航拍技巧，这样才能拍出理想的人像照片或视频。

8.1.1   拍摄技巧与注意事项

由于风光是静态的，人像是动态的，所以人像和风光的拍摄方式也会有些许差别。下面将介绍拍摄人像需要注意的事项。

1. 选择拍摄服装

服装是影响航拍人像视频的一个因素，尤其是服装的颜色。如果模特穿着绿色的裙子，站在绿色的草地上，那么无人机升高拍摄时，模特就会与环境融为一体，这样的人像视频就没有意义了。

所以，为了让模特更加醒目，可以让模特穿环境的对比色服装。比如，在荒漠中，模特可以穿红色的衣服，如图 8-1 所示，这样模特就会非常突出。

图8-1   模特穿对比色的衣服

在外出航拍人像的时候，可以只携带橙色、红色的服装，这类色彩鲜艳的服装在大多数航拍场景中都会比较显眼，能展现出不错的效果，这样还可以减轻行李负担。

2. 选择拍摄环境

在航拍的画面中，模特通常会比较小，所以拍摄环境不能过于复杂，不然就会丢失主体，画面也会变得不简洁。

在选择航拍环境时，最好选择大海、操场、沙滩、草地等环境。图 8-2 所示为在草地拍摄的人像视频画面，这种简洁的背景环境可以凸显主体。此外，一些具有线条感的环境也适合拍摄人像，比如篮球场、跑道等。

图8-2　在草地拍摄的人像视频画面

3. 选择航拍时机

在航拍人像的时候，对于空气的能见度是有一定的要求的，如果雾霾比较重，那么画质就会变模糊，也不能突出主体。所以，在航拍人像的时候，最好选择晴朗的天气，这样人物在画面中会更清晰。

一天 24 小时，航拍人像最好的时间一般是在上午或者下午，因为中午的阳光太强了，地面反射的强光会让画面出现过曝的情况，从而影响照片或者视频的质感。图 8-3 所示为在上午航拍的人像照片，画面具有一定的光影层次感，明暗关系非常丰富。

4. 拍照姿势加分

当我们用手机或者相机近距离拍摄人像的时候，重点主要是在人物的表情上，而航拍不同于近距离的拍摄，它会压缩人物，所以人物的姿势会影响画面内容的表达。合适的姿势在展现人物的状态和传递人物与环境的关系上，有着重要的作用。

如何摆姿势呢？对于模特来说，尽量展开肢体，动作自然。模特也可以平躺在地面上，这样拍摄的姿势会更完整一些，如图 8-3 所示。模特还可以面向无人机打招呼，这样画面会具有互动感。

图8-3　模特平躺在地面上

8.1.2　选择合适的构图方式

在航拍人像的时候，画面构图也非常重要。优秀的构图技巧能为画面加分，也能展示环境与模特的关系，传递相应的情感。

比较常用的构图方式有三分法构图、二分法构图、中心构图、前景构图、斜线构图、对称构图、对比构图、曲线构图等。

图 8-4 所示为使用斜线构图和中心构图方式拍摄的视频画面，以道路为斜线，人物处于画面中心的位置，在突出人物的同时，画面也显得不那么平庸。

图8-4　使用斜线构图和中心构图方式拍摄的视频画面

8.2 唯美人像运镜拍法

在掌握了人像航拍的技巧之后，我们就可以进入实战，进行航拍运镜。本章的主题是《国风女孩》，模特是穿着国风服装的，拍摄场地在户外。

8.2.1 使用后退镜头拍摄人物进场

在人物进场的时候，可以使用后退镜头拍摄，让主体慢慢变小，背景环境慢慢变大，交代地点环境，如图 8-5 所示。

图8-5 使用后退镜头拍摄人物进场

拍摄方法》

先用无人机平拍人物，在人物进场的时候，用户向下推动右侧的摇杆，让无人机实现后退飞行，拍摄后退镜头。

8.2.2 使用环绕跟随镜头聚焦人物

环绕跟随镜头是指无人机环绕人物一定角度，之后聚焦运动中的人物进行侧飞跟随，如图 8-6 所示。

图8-6 使用环绕跟随镜头聚焦人物

拍摄方法》

在人物向右侧前行的时候，用户向左侧推动右摇杆，向右侧推动左摇杆，让无人机环绕人物拍摄，之后松开左手，向右侧推动右摇杆，让无人机跟随拍摄人物。

8.2.3　使用侧面跟随镜头拍摄人物

侧面跟随镜头也是跟镜头中的一种，可以连续地展现人物的动作，交代人物与环境的关系，使人物的运动保持连贯，如图 8-7 所示。

图8-7　使用侧面跟随镜头拍摄人物

拍摄方法》

无人机在人物的侧面，镜头向下俯拍人物，在人物前行的时候，用户慢慢地向右推动右侧的摇杆，让无人机跟随人物的前进而前进，不过推杆的幅度不能过大，因为人物走路的速度不是很快。

8.2.4 使用前进俯视镜头拍摄人物

前进俯视镜头适合用来突出人物主体，在镜头前进的时候，人物渐渐出现在画面中，然后将相机镜头向下俯拍，聚焦人物，如图 8-8 所示。

图8-8 使用前进俯视镜头拍摄人物

拍摄方法》

向上推动右侧的摇杆，让无人机实现前进飞行，同时向左拨动云台俯仰拨轮，让无人机向下俯拍人物。

8.2.5　使用逆时针环绕镜头拍摄人物

环绕镜头可以多角度地展示人物与周围环境的关系，无人机在运动，而人物是静止的，可以展现动静结合的美感，如图 8-9 所示。

图8-9　使用逆时针环绕镜头拍摄人物

拍摄方法》

无人机俯拍人物，用户向右推动右侧的摇杆，同时向左推动左侧的摇杆，让无人机进行逆时针环绕，拍摄人物。

8.2.6 使用后退下降镜头拍摄人物

在拍摄后退下降镜头的时候，需要规划好拍摄路线，保证人物会出现在画面中。这种镜头可以用来转场，也可以用来交代人物出场，画面焦点逐渐由景转换到人，如图 8-10 所示。

图8-10　使用后退下降镜头拍摄人物

拍摄方法》

无人机先处于人物的前方，用户向下推动右侧和左侧的摇杆，让无人机一边后退一边下降，直到人物出现在画面中。

8.2.7 使用渐远镜头拍摄人物退场

渐远镜头也叫后退拉高镜头，是指无人机边后退边上升飞行。最后的大远景画面适合用来交代人物的退场，如图 8-11 所示。

图8-11 使用渐远镜头拍摄人物退场

拍摄方法 》

向下推动右侧的摇杆，让无人机后退飞行，同时向上推动左侧的摇杆，让无人机上升飞行，拍摄后退拉高镜头。

第 9 章 夜景车轨航拍专题：《霓虹城市》

城市的夜景是很美的，建筑在夜晚灯光的照射下会变得绚丽多彩。夜景车轨是无人机航拍中的一个难点，昏暗的光线容易导致画面黑乎乎的，而且噪点还非常多，稍微把握不好就拍不出理想的画面。那么如何才能稳稳地拍出绚丽的城市夜景车轨呢？本章就来学习相应的内容。

9.1 航拍技巧

在城市航拍夜景,需要借助人造灯光,这样才能拍出灯火璀璨的画面。在城市里,像广告灯、建筑楼房的灯、路灯、车灯等在夜间发出的光,就是人造灯光。这些灯光能为航拍提供足够的光线,让画面更有层次感。本节将介绍夜景车轨航拍的相应技巧。

9.1.1 拍摄技巧与注意事项

在夜晚拍摄视频的时候,可以使用"夜景"拍摄模式进行航拍,这样可以减少画面的噪点,另外,还需要掌握一定的拍摄技巧。

1. 提前踩点与观察周围环境

在夜间航拍的时候,光线的影响是比较大的,当无人机飞到空中的时候,我们只看得到无人机的指示灯一闪一闪的,其他的什么也看不见。而且,夜间由于环境光线不足,无人机的视觉系统及避障功能都会受影响,DJI Fly App 相机界面中会弹出"环境光线过暗,视觉系统及避障失效,请注意飞行安全"的提示,如图 9-1 所示。

图9-1 弹出相应的提示

> **专家提醒**
>
> 在夜间飞行无人机的时候,无人机的视觉系统及避障功能都会受到影响,这时可以通过调整 ISO 参数来增加画面的亮度,以更清楚地看清周围的环境。但在拍摄照片前,一定要将 ISO 参数调整为正常曝光状态,以免拍摄出来的照片出现过曝的情况。

因此,一定要在白天提前踩点,对拍摄地点进行检查,观察上空是否有电线或者其他障碍物,以免造成无人机的坠毁,因为晚上的高空环境肉眼是看不清的。

2. 设置前机臂灯模式便于拍摄

在默认情况下，飞行器前机臂灯显示为红灯。在夜间拍摄时，前机臂灯对画质有干扰和影响，所以一定要把前机臂灯关闭。在 DJI Fly App 系统设置的"安全"界面中，可以设置"前机臂灯"为"自动"模式，如图 9-2 所示，这样无人机在相机拍摄的过程中就会熄灭前机臂灯，保障拍摄的效果。

图9-2　设置"前机臂灯"为"自动"模式

3. 设置白平衡

白平衡是描述显示器中红、绿、蓝三基色混合后生成的白色的精确度的一项指标，通过设置白平衡可以解决画面色彩和色调处理的一系列问题。

在无人机的设置界面中，可以通过设置画面的白平衡参数，使画面达到不同的色调效果。下面介绍设置视频白平衡的操作方法。

步骤 01　进入 DJI Fly App 相机界面，点击"系统设置"按钮••••，❶点击"拍摄"按钮，进入"拍摄"设置界面；❷把"白平衡"设置为"手动"模式；❸拖曳滑块，把参数设置为最小值 2000K，如图 9-3 所示。

图9-3　设置参数

步骤 02 点击图传画面，可以看到画面色调变成了深蓝色，如图 9-4 所示。

步骤 03 在"拍摄"设置界面把"白平衡"设置为"自动"模式，如图 9-5 所示，无人机就会根据当时环境的画面亮度和颜色自动设置白平衡的参数。

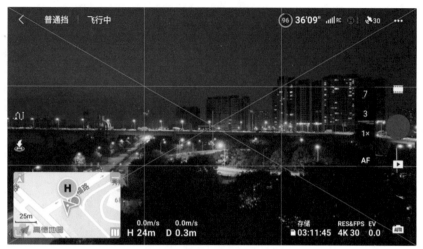

图9-4　画面色调变成了深蓝色

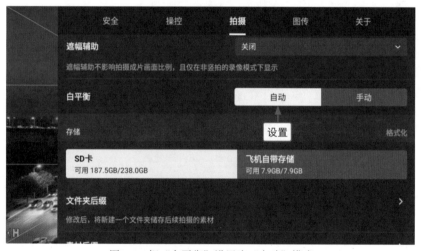

图9-5　把"白平衡"设置为"自动"模式

9.1.2　设置参数拍摄车流光轨照片

在繁华的大街上，如果想拍出汽车的光影运动轨迹，可以通过延长曝光时间，使汽车的轨迹形成光影线条。下面介绍拍摄车流光轨照片的方法。

步骤 01 进入 DJI Fly App 相机界面，点击右下角的"AUTO"（自动）按钮，切换至 PRO（专业）模式，点击"PRO"按钮右侧的拍摄参数，在弹出的面板中，❶设置"ISO"为 100、"快门"响应时间为 6 秒、"光圈"为 8；❷点击"拍摄"按钮拍摄照片，如图 9-6 所示。拍摄时间会比较长，也可以使用连拍模式进行拍摄，成功的概率会更高。

步骤 02 执行操作后，即可拍摄车流光轨照片，效果如图 9-7 所示。

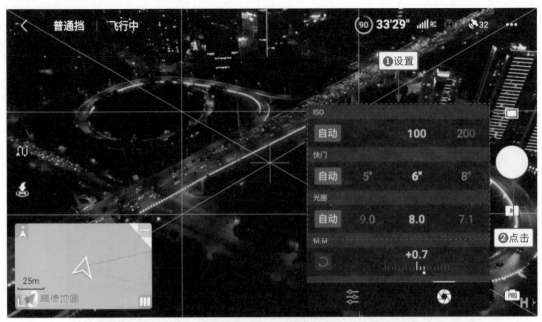

图9-6　点击拍摄按钮

图9-7　车流光轨照片效果

9.2　夜景车轨运镜拍法

　　夜景拍摄不一定非要在晚上进行，在黄昏天空呈现蓝色的时刻，华灯初上之际，借用天空中的光线进行俯拍，也可以拍出灯光绚丽的城市夜景画面。

9.2.1　使用前进镜头拍摄夜景

在拍摄前进镜头的时候，一定要有目标。在夜晚航拍的时候，可以把发光的建筑当作目标，让无人机慢慢飞行，靠近目标，从而展示飞行过程中的夜景风光，如图 9-8 所示为使用前进镜头拍摄的江面大桥夜景。

图9-8　使用前进镜头拍摄夜景

拍摄方法》

无人机在江边，相机平拍，以江中的桥梁建筑为目标，用户向上推动右侧的摇杆，让无人机实现前进飞行，拍摄前进镜头。

9.2.2 使用前进上升镜头拍摄桥梁夜景

上升镜头可以让视野变得更加开阔，无人机在上升的同时进行前飞，可以让画面有空间上的变化，能够展示夜景桥梁的多样角度，如图 9-9 所示。

图9-9　使用前进上升镜头拍摄桥梁夜景

拍摄方法》

无人机处于桥梁的中间位置，并稍微降低一些高度，对准桥梁建筑的最高位置。用户向上推动左侧的摇杆和右侧的摇杆，让无人机进行上升和前进飞行。

9.2.3 使用前进上抬镜头拍摄桥梁夜景

同样在桥梁上，将无人机调转机头方向，用前进上抬镜头拍摄桥梁的夜景，让画面更有层次感，如图 9-10 所示。

图9-10　使用前进上抬镜头拍摄桥梁夜景

拍摄方法 》

无人机在桥梁上俯拍道路，用户向上推动右侧的摇杆，让无人机前进飞行，同时左手向右拨动云台俯仰拨轮，让相机镜头慢慢向上抬。

9.2.4 使用俯视拉升镜头拍摄道路夜景

在拍摄俯视拉升镜头的时候，需要找寻有特点的目标进行拍摄，最好是有对称点的目标，这样画面会更有几何感和趣味性，如图 9-11 所示，所拍摄的城市夜景道路为圆形。

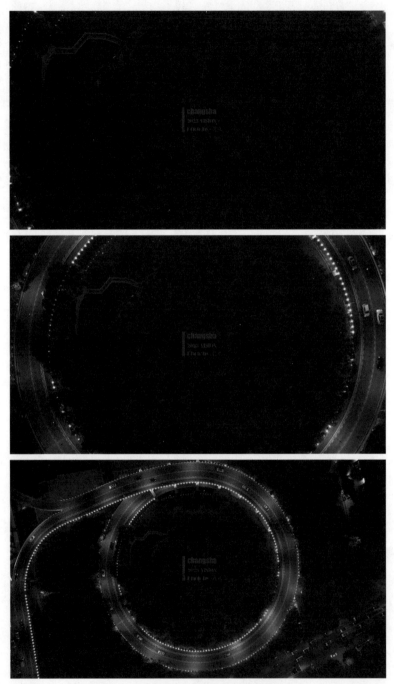

图9-11　使用俯视拉升镜头拍摄道路夜景

拍摄方法»

向左拨动云台俯仰拨轮，使无人机相机 90°垂直朝下，向上推动左侧的摇杆，让无人机向上飞行，拍摄俯视拉升镜头。

9.2.5 使用俯视旋转拉升镜头拍摄车轨

在拍摄城市中的夜景车流的时候，可以使用俯视旋转拉升镜头进行拍摄，还可以通过设置快门时间，拍摄车轨延时运镜视频，如图 9-12 所示。

图9-12　使用俯视旋转拉升镜头拍摄车轨

下面介绍具体的拍摄方法。

步骤 01　在拍摄模式面板中，❶选择"延时摄影"选项；❷选择"轨迹延时"拍摄模式；❸点击"AUTO"按钮，如图 9-13 所示。

步骤 02　切换至 PRO 挡位，点击右侧的拍摄参数，如图 9-14 所示。

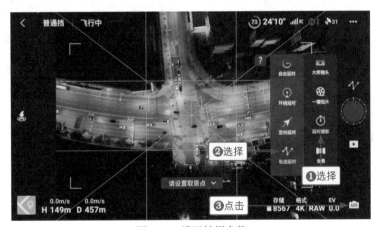

图9-13　设置拍摄参数

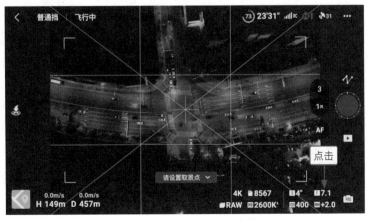

图9-14　点击右侧的拍摄参数

步骤 03　❶设置 "ISO" 为 100、"快门" 时间为 5、"光圈" 为 2.8，便于拍摄车流光轨；❷点击 "请设置取景点" 按钮，如图 9-15 所示。

步骤 04　点击 ▓▓ 按钮，设置无人机轨迹飞行的起幅点，如图 9-16 所示。

步骤 05　向上推动左摇杆，让无人机上升飞行至一定的高度，向右推动左摇杆，让无人机顺时针旋转 171°，点击 ▓▓ 按钮，添加落幅点，如图 9-17 所示。

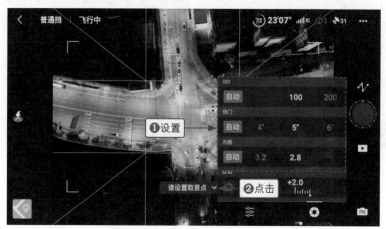

图9-15　继续设置拍摄参数

图9-16　添加起幅点

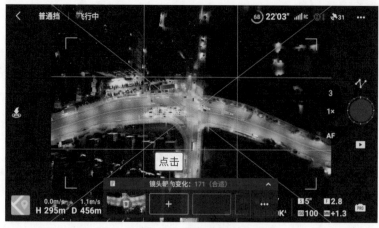

图9-17　添加落幅点

步骤 06 点击"更多"按钮███，❶默认设置"正序"拍摄顺序，"拍摄间隔"为 7s，"视频时长"
为 5s；❷点击"拍摄"按钮███，如图 9-18 所示。

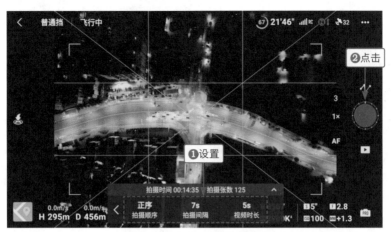

图9-18　点击"拍摄"按钮

步骤 07 无人机飞行到起幅点，如图 9-19 所示，沿着轨迹进行正序飞行并拍摄序列照片，拍摄完
成后，无人机会自动合成延时视频。

图9-19　无人机飞行到起幅点

第10章　浪漫烟花拍摄专题：
《惊艳焰火》

　　在拍摄烟花时，无人机与手机和相机相比具有一定的优势，因为无人机可以突破地点和高度的限制，拍摄出更广和更全的烟花盛宴。如何用无人机航拍出烟花的绚烂和惊艳呢？本章将介绍相应的拍摄技巧并进行视频实拍教学。

10.1   航拍技巧

烟花绽放的时间是非常短暂的，如何用无人机记录这片刻的美丽呢？本节将为大家介绍相应的拍摄技巧，包含视频拍摄和照片拍摄的技巧。

10.1.1   拍摄需要注意的事项

在拍摄烟花之前，需要提前做好准备，了解清楚时间和地点，并规划好飞行路线，才能更好地拍摄出让人满意的烟花作品。

1. 选择合适的拍摄地点

选择合适的拍摄地点是非常重要的，如果拍摄地点选不好，大概率是拍不好烟花的。那么地点怎么选呢？可以从网上的优秀作品中找出最佳的拍摄地点，然后提前去踩点。在拍烟花这样的大场景时，尽量在空旷的地方拍摄。

烟花并排绽放的时候，有正面和侧面的视角，如果拍摄地点在烟花的侧面，那么可能拍摄不出烟花的绚烂。图 10-1 所示为在正面和侧面拍摄的烟花画面，可以看出侧面拍摄出的烟花照片并不是很惊艳。所以，在烟花的正面航拍，才能拍摄出更绚烂的画面。

图10-1   在正面和侧面拍摄的烟花画面

此外，拍摄距离也会影响烟花画面的美观度。如果无人机离烟花比较远，那么画面中的环境内容就会变多，烟花主体就会变小，画面会显得很杂乱，主体也不突出，如图 10-2 所示。相反，如果靠得太近，只能拍摄局部或特写画面，而拍不出完整的烟花，如图 10-3 所示。

在拍摄的时候，最好提前在现场占据位置，以免找不到好位置。此外，白天提前到拍摄地点进行试飞也是非常重要的，提前过一遍飞行路线，规避飞行风险，比如避开电线、建筑等障碍物，这样可以保障无人机夜间飞行的安全。

在一些大型烟花秀现场，人比较多，为了安全，主办方可能会设置禁飞区，这时无人机就不能在场地内飞行，只能在场地外飞行拍摄。所以，需要提前了解现场情况，避免到了现场出现不能飞、拍不了的状况。

图10-2　无人机离烟花比较远

图10-3　无人机离烟花比较近

2. 选择拍摄模式

在夜间航拍烟花的时候，由于时间、地点等因素的影响，需要选择合适的拍摄模式，这样才能拍摄出理想的画面。

❶在 DJI Fly App 的相机界面中，点击右侧的"拍摄模式"按钮 ；❷选择"录像"选项；❸选择"夜景"拍摄模式，如图 10-4 所示。开启夜景模式，可以有效提高无人机在夜间暗光下的拍摄能力，提升视

频画面效果。

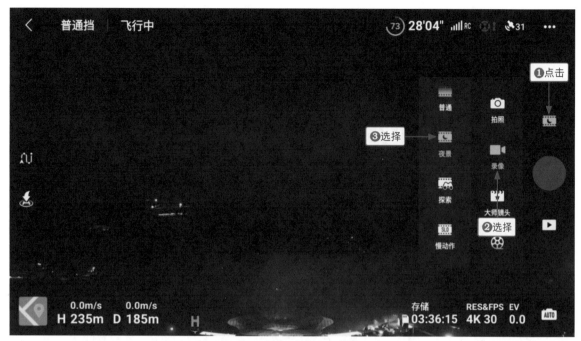

图10-4 设置"夜景"拍摄模式

由于无人机离烟花比较远,在 DJI Fly App 的相机界面中,点击对焦条上的"3×"按钮,让画面实现 3 倍变焦,拍摄画面如图 10-5 所示。如果离拍摄现场更远,可以使用 7 倍变焦进行拍摄,不过画质会受到影响。

图10-5 实现3倍变焦

如果夜间天气晴朗,无人机的拍摄距离也不远,也可以使用普通视频录像模式进行拍摄。

3. 选择拍摄时机

在选择好合适的拍摄地点并设置好拍摄模式之后，还需要选择合适的拍摄时机。拍摄时机是指最佳拍摄时刻，烟花绽放的前期是最好的拍摄时机，因为烟花刚开始燃放时，天空比较干净，拍出的烟花背景就没有烟雾的干扰，如图10-6所示。在拍摄后期，天空会有一定的烟雾，拍摄效果将会大打折扣。

图10-6　后期天空会产生一定的烟雾

在拍摄烟花时，天气也是非常重要的。对天气的基本要求为空气的湿度较大、能见度高，如果有点微风就更合适了，这样可以让烟花的轨迹更加缥缈。

但是，现场的风不能太大，否则会将烟花吹乱，拍出来的形状就不太美观了。而如果没有风，烟花燃放后产生的烟雾会长时间在空中停留，这样也很难拍好烟花燃放后期的照片。

在夜晚拍摄烟花时还要注意，千万不要站在逆风或者顺风的位置上，逆风会让烟花燃放时产生的烟雾都飘向自己，会影响视线；顺风则很难拍摄出完整的烟花形状。

10.1.2　拍摄烟花光轨的技巧

无人机除了可以拍摄烟花视频，还可拍摄烟花光轨照片。下面介绍一些拍摄烟花光轨照片的技巧。

① 仔细对焦。在拍摄照片时，可以用手指在遥控器屏幕中点击拍摄主体，进行对焦。

② 调整曝光。在拍摄时，可以降低感光度，ISO 的范围最好设置在 100 ~ 400，以降低画面的噪点，保证画面的清晰度。

③ 微调光圈。要想让拍出的烟花清晰、有质感，一般设置为 F8 ~ F11，并根据现场情况不断地微调光圈值，从而保证合理的景深效果和正常的曝光量。

④ 设置快门。可以根据烟花的形状来设置，形状大的烟花，拍摄时间长，快门数值可设置得大点；形状小的烟花，拍摄时间短，快门数值可设置得小点。一般建议设置为 4 ~ 5 秒。

10.2 浪漫烟花运镜拍法

在掌握了烟花航拍的技巧之后，如何在实战中进行应用呢？本节将介绍相应的运镜拍法，帮助大家拍摄出理想的浪漫烟花视频。

10.2.1 使用上升镜头拍摄烟花开场

无人机从地面上升到高空中时有一段距离，在周围有建筑物的时候，可以使用上升镜头，慢慢地展示出烟花主体，让观众更有代入感，如图 10-7 所示。

图10-7　使用上升镜头拍摄烟花开场

在无人机上升到一定的高度后，先平拍对面的烟花开始燃放的场景，再向上推动左侧的摇杆，让无人机实现上升飞行，拍摄上升镜头。

10.2.2　使用前景镜头固定拍摄烟花

如果画面中只有烟花，画面会显得比较单薄，为了让画面丰富又有趣味性，可以借用前景拍摄，比如借用建筑、人群、街道等前景，来衬托烟花，如图 10-8 所示。

图10-8　使用前景镜头固定拍摄烟花

在无人机处于高空中时，调整无人机的位置和相机云台的俯仰角度，以建筑物为前景，并使用对称构图拍摄烟花。

10.2.3 使用俯仰镜头拍摄烟花

在拍摄时，使用仰拍镜头和俯拍镜头进行配合，可以给观众不一样的观看视角，让观众更有代入感，如图 10-9 所示。

图10-9 使用俯仰镜头拍摄烟花

拍摄方法≫

当无人机处于高空中时，左手调整无人机遥控器上的云台俯仰拨轮，摇动云台相机镜头，让无人机进行仰拍和俯拍。

10.2.4　使用右飞镜头拍摄烟花

右飞镜头也叫侧飞镜头，是指无人机在烟花的前面平飞运动所拍摄的画面。使用右飞镜头拍摄时，可以让烟花主体慢慢处于画面中间，如图 10-10 所示。

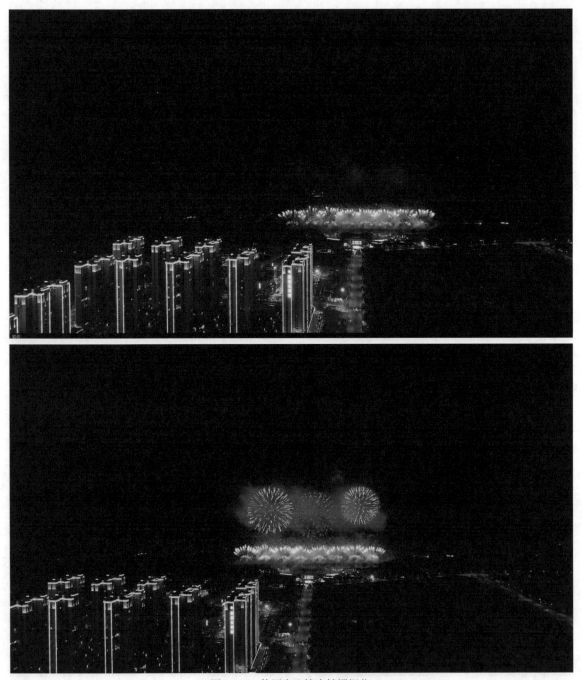

图10-10　使用右飞镜头拍摄烟花

拍摄方法》

无人机在烟花的左侧位置，用户向右推动右侧的摇杆，让无人机实现向右飞行，让烟花慢慢处于画面中间的位置。

10.2.5　使用前进镜头拍摄烟花

如果无人机离烟花有一定的距离，可以使用前进镜头，让烟花慢慢占据整个画面，增强视觉冲击力，如图 10-11 所示。

图10-11　使用前进镜头拍摄烟花

拍摄方法》

无人机平拍烟花，且离主体有一定的距离，用户右手向上推动右侧的摇杆，让无人机前进飞行，拍摄前进镜头。

10.2.6 使用后退拉升镜头拍摄烟花

在视频将要结束的时候，使用后退拉升镜头拍摄，可以让无人机逐渐远离画面中的主体，将观众带离场景，宣告故事的结束，如图 10-12 所示。

图10-12 使用后退拉升镜头拍摄烟花

拍摄方法》

用户左手向上推动左侧的摇杆，让无人机上升飞行，同时右手向下推动右侧的摇杆，让无人机后退飞行，远离烟花，拍摄后退拉升镜头。

第11章 景区宣传航拍专题：《古开福寺》

大部分景区里的风景都是非常美的，高一点的地方阻挡物比较少，非常适合航拍取景。景区的绿化范围也比较大，可以最大化地展示自然环境，画面会更有生机感。景区里还有很多建筑，自然与人文景观相结合，可以展现更大的魅力。本章将介绍如何航拍景区。

11.1 航拍技巧

景区中的环境一般会比较复杂，为了实现航拍运镜的顺利，需要了解一些注意事项，并掌握一些航拍技巧，为拍摄做好准备。

11.1.1 拍摄注意事项

景区是非常适合航拍的一个场景，为了顺利地进行航拍，需要了解一些注意事项，来保障飞行。下面为大家介绍相应的内容。

1. 选对天气和时间

阴雨天是不适合出行的，如果在夏天，中午 12 点左右的时间也不适合航拍，因为天气太热了，无人机的电池过热会鼓包，鼓包之后会影响无人机的平衡，并且容易漏液爆炸，从而影响飞行。

晴天是非常适合外出航拍的，尤其是在有棉花云的天气，如图 11-1 所示，云朵有以虚衬实的作用。除此之外，晨曦和傍晚时分也是非常适合航拍的。

图11-1 有棉花云的天气

2. 不要在人群上空飞行

景区里的人流量非常大，部分景区会禁止飞行无人机。在非禁飞区的景区上空飞行无人机时，不要在人群上空飞行。尤其是不能把无人机低空飞行到人群中,这会极大地影响他人的出行,因为无人机的螺旋桨非常锋利,如果割伤了路人会很危险。

在人群上空飞行,还有炸机砸伤路人的风险。如果无人机只是单纯的坠机,可能只是损失一架无人机,但是如果砸伤了人,那后果就非常严重了,尤其是从高空坠落砸到人的头部的话,后果不堪设想。

所以,千万不要拿自己和他人的生命安全做赌注,一定要让无人机远离人群,无忧飞行。

3. 小心干扰源

一些景区里的树木比较多,飞行的时候需要注意无人机的避障状态,及时调整飞行路线,避免炸机。

此外,通信基站和高压线都会影响无人机的 GPS 信号,如果无人机没有 GPS 信号,对于新手来说,就很容易炸机。在飞行的时候,不能只靠眼睛去观察,最好询问工作人员,了解周围的环境,如是否禁飞区或者有无通信基站,因为这些东西不是一眼就能看出来的。所以,在景区航拍,需要多留一些心眼。

4. 其他细节

如果在景区航拍的时候天气发生了变化,遇到雷暴等天气,需要及时降落无人机,并做好防水工作;遇到大风天气,也需要及时让无人机返航,避免无人机被吹飞。

为了防止天气原因影响飞行,在航拍之前,最好提前查看天气预报。如莉景天气 App 中,可以查看天气、晚霞和朝霞的概率、风力等级、云层云量等内容,如图 11-2 所示,为航拍出行提供参考。

如果景区内有古建筑等文物,飞行无人机时要小心并远离,避免损害文物。

在飞行时,也不能贪高和贪远,最好留足无人机返航降落的电量。

图11-2 莉景天气App界面

11.1.2 选择合适的焦段

如果景区环境比较复杂的话,可以利用无人机中的长焦镜头进行拍摄,比如用 3 倍或者 7 倍焦段拍摄。下面介绍如何选择合适的焦段。

步骤 01 在 DJI Fly App 的相机界面中,点击对焦条上的"3"按钮,如图 11-3 所示。

图11-3 点击对焦条上的"3"按钮

步骤 02 让画面实现 3 倍变焦，效果如图 11-4 所示。

图11-4 让画面实现3倍变焦

步骤 03 点击对焦条上的"7"按钮，即可实现 7 倍变焦，效果如图 11-5 所示。不过需要注意的是，
用户需要调整云台的俯仰角度进行构图，这样画面才能更好看。

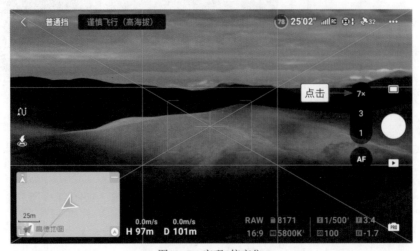

图11-5 实现7倍变焦

11.2 景区宣传运镜拍法

本次专题拍摄的地点是古寺景区，需要善于利用长焦镜头并寻找合适的拍摄角度，用不同的运动镜头来为景区做宣传。

11.2.1 使用上升镜头揭示景区地点

对于景区的地点建筑，比如牌匾、牌坊等建筑，可以用上升镜头进行拍摄，渐渐地揭示地点，如图 11-6 所示。由于景区的人流量比较大，所以还可以用 3 倍长焦镜头拍摄。

图11-6 使用上升镜头揭示景区地点

对无人机相机开启 3 倍长焦，用户慢慢地向上推动左侧的摇杆，让无人机实现上升飞行，拍摄大门牌坊。

11.2.2　使用俯视前进镜头拍摄全景

将无人机相机的镜头旋转 90°垂直向下进行俯拍，可以让画面容纳更多的内容。无人机俯视景区前进飞行，可以记录景区的全景，画面同时具有流动性，如图 11-7 所示。

图11-7　使用俯视前进镜头拍摄全景

向左拨动云台俯仰拨轮，使无人机相机的镜头旋转 90°垂直朝下，向上推动右侧的摇杆，让无人机前进飞行，俯视拍摄景区。

11.2.3　使用前景上升镜头拍摄景区

以树木为前景,再次使用上升镜头,拍摄景区的单个建筑,由面到点,直到"真相慢慢浮出水面",展示景区的建筑美,如图 11-8 所示。

图11-8　使用前景上升镜头拍摄景区

拍摄方法≫

开启 3 倍长焦,以大树为前景,让无人机处于和树木差不多的位置,向上推动左侧的摇杆,让无人机慢慢上升,拍摄前景上升镜头。

11.2.4　使用侧飞镜头拍摄景区

　　由于景区的建筑通常是聚集在一起，连成一片，因此可以利用侧飞镜头，来横向展示多个建筑，画面也会具有运动感，如图 11-9 所示。

图11-9　使用侧飞镜头拍摄景区

拍摄方法》

　　向左推动右侧的摇杆，让无人机实现向左飞行，让主体建筑慢慢处于画面中间的位置，拍摄侧飞镜头。

11.2.5　使用向右环绕镜头拍摄中景

环绕镜头不仅可以突出主体，还能增强画面的动感和能量，当无人机处于高空中时，可以使用环绕镜头拍摄中景，如图 11-10 所示。

图11-10　使用向右环绕镜头拍摄中景

拍摄方法》

无人机在上空俯视拍摄时，用户向左推动左侧的摇杆，同时向右推动右侧的摇杆，可以让无人机向右逆时针环绕飞行，拍摄环绕镜头。

11.2.6　使用俯视上升镜头拍摄景区建筑

对于有对称性的建筑，可以用俯拍上升镜头拍摄，展示其结构美，如图 11-11 所示。同时需要注意画面构图，最好采用对称构图拍摄。

图11-11　使用俯视上升镜头拍摄景区建筑

拍摄方法》

向左拨动云台俯仰拨轮，使无人机相机的镜头旋转 90°垂直朝下，向上推动左侧的摇杆，让无人机上升飞行，拍摄俯视上升镜头。

11.2.7 使用后退镜头宣告视频结束

在后退镜头中，空间在不停地变大，许多新的元素进入了画面，形成了新的空间关系，所以非常适合用来作为视频结束的总结镜头，如图 11-12 所示。

图11-12　使用后退镜头宣告视频结束

拍摄方法》

无人机先靠近要拍摄的主要的建筑物，之后用户向下推动右侧的摇杆，让无人机后退飞行，拍摄后退镜头。

第12章　汽车追随航拍专题：《飞驰人生》

航拍奔驰的汽车是一项有难度的工作，因为用无人机跟车具有一定的风险，但是我们可以利用有限的条件，为汽车拍一组大片。需要特别强调的是，所有的拍摄都要在保证安全的情况下进行。

12.1 航拍技巧

在航拍行驶的汽车时，如何拍出充满冲击力和质感的画面呢？本节将从准备工作和拍摄技巧两方面入手，介绍相应的技巧，帮助读者掌握航拍汽车的要领。

12.1.1 准备工作

航拍汽车的准备工作是必不可少的，一是为了拍出理想的画面效果，二是为了拍摄安全。下面介绍相应的内容。

1. 选择场地

航拍汽车的拍摄场地可以根据汽车的类型来选择。如果航拍的对象是小型汽车，就可以选择在城市道路、大桥、隧道、海边公路或者郊区公路等场地进行拍摄，在公路上，汽车行驶的速度也能更快一些。如果航拍的对象是大型汽车，比如越野车，就可以选择在山路、河滩、沙漠、雪山、荒漠、戈壁等场地进行拍摄，突出其野性美，如图 12-1 所示。

图12-1 越野汽车在荒漠中行驶

在选择场地的时候，还需要注意周围的环境，可以提前勘察拍摄现场，规划好驾驶路线和飞行路线，避免汽车在航拍的时候出画。最好先试飞无人机，监测周围是否有干扰物和干扰信号，确保环境符合航拍要求。

用户可以选择在开阔的场地中进行拍摄，这样周围的障碍物会少一些。在拍摄的过程中，还需要注意天气，大风天气不适合航拍；如果遇到了鸟群，也要尽量避开它们。

在城市、农村的公路上航拍时，一定要重点关注周围的高压线，因为无人机的避障系统可能识别不出这些细小的电线。还要绕开有人放风筝的地方，因为风筝线也是非常细小的，它们容易被无人机螺旋桨缠绕进去，从而影响无人机的飞行。

所以，在复杂环境中航拍时，需要尽量将无人机飞高一些。如果环境比较开阔，则可以适当飞低一点，这样画面也会更有视觉冲击力和代入感。

2. 选择时间

在选择拍摄时间方面，一般可以把拍摄时段选择在早晨或者傍晚，因为早晨和傍晚的光线比较丰富且柔和，如果天边有云朵或者彩霞的话，画面层次感也会强一点。当光线投射在汽车身上，画面会更有美感，如图 12-2 所示。一般不建议在阴天进行航拍，因为光线不好，不容易出片。

图12-2 光线投射在汽车身上

3. 安全事项

如果在城市的道路上进行大型的航拍工作，可以预先向交警等有关部门报备，申请临时交通管制，保障飞行安全。

在航拍的时候，还需要全程与司机进行交流，可以采用对讲机或者手机等通信设备进行联系，让驾驶与航拍配合得当。

由于汽车在行驶的时候有气压，无人机在飞行的时候不能太靠近汽车，需要适当保持距离，避免无人机被气压影响，最好选择在没有其他车辆的空旷道路上拍摄。

12.1.2　拍摄技巧

为了使航拍汽车的画面更有视觉冲击力，可以从构图技巧和提升速度感两个方面入手，下面介绍相应的内容。

1. 构图技巧

道路是最好的线条元素，当汽车行驶在道路上的时候，我们可以利用径直或弯曲的道路作为背景，从而吸引观众的目光。

图 12-3 所示为汽车在道路上行驶的画面，延长的道路还能让画面具有透视感。

除此之外，还可以利用汽车的运动路线进行构图，比如在雪天，利用车子的轮胎印记构成的线条进行构图，如图 12-4 所示。

图12-3　汽车在道路上行驶的画面　　　　图12-4　利用车子的轮胎印记构成的线条进行构图

2. 提升速度感

提升速度感的方法有两种，一是让汽车加快行驶速度，二是加大推杆幅度，或让无人机处于运动挡，加快无人机的飞行速度。

在追车的时候，可以让车辆加速、无人机升高，体现速度感。使无人机变换不同的运镜方式，也能提升速度感。

12.2　汽车追随运镜拍法

无人机航拍汽车追随视频的精髓主要是运镜手法，本节用实例来教学，帮助读者学会多种航拍汽车的运镜技巧。

12.2.1 使用前进镜头追随汽车

在汽车行进的时候，使用前进镜头可以让无人机追赶上汽车，达到开场的效果，如图 12-5 所示。由于无人机需要追车，所在其飞行速度需要大于汽车行驶的速度。

图12-5　使用前进镜头追随汽车

拍摄方法》

当汽车在无人机前方的时候，用户向上推动右侧摇杆，让无人机朝着汽车的位置飞行，拍摄前进镜头。

12.2.2　使用俯视拉升侧飞镜头拍摄

俯拍镜头可以让画面具有几何感，可以使用斜线构图的方式拍摄道路，让无人机跟着汽车的行驶方向慢慢拉升和侧飞，展示更多、更全的环境画面，给观众留下更多的想象空间，如图 12-6 所示。

图12-6　使用俯视拉升侧飞镜头拍摄

拍摄方法》

向左拨动云台俯仰拨轮，使无人机相机的镜头旋转 90°垂直朝下拍摄，向上推动左侧的摇杆，让无人机上升飞行，同时向左推动右侧的摇杆，让无人机向左侧飞行，拍摄俯视拉升侧飞镜头。

12.2.3 使用环绕上抬镜头拍摄汽车

使用环绕镜头，可以让画面更具动感，再上抬相机镜头，可以展示无人机行进方向的画面，转移观众的视线，展示汽车与环境的关系，如图12-7所示。

图12-7 使用环绕上抬镜头拍摄汽车

拍摄方法》

向左推动左侧的摇杆，向右推动右侧的摇杆，让无人机向右逆时针环绕拍摄，之后向右拨动相机云台俯仰拨轮，让无人机慢慢上抬镜头，拍摄汽车。

12.2.4 使用俯视跟随镜头跟随汽车

在航拍汽车的时候，跟随镜头是必不可少的，用俯视的角度来跟随，画面会更具视觉冲击力，如图 12-8 所示。不过这个镜头需要汽车和无人机的速度互相配合，才能实现同步跟随。

图12-8　使用俯视跟随镜头跟随汽车

拍摄方法 »

让无人机旋转机身，进行斜线构图，当汽车行驶的时候，用户向右上方推动右侧的摇杆，让无人机向右前方飞行，跟随拍摄汽车。

12.2.5 使用对冲镜头擦肩拍摄

对冲镜头是指无人机和汽车面对面运动，这种镜头拍摄出的画面速度感强，有较强的视觉冲击力，如图 12-9 所示。不过，无人机的高度不能过高也不能过低，过高的话视觉冲击力会减弱，过低则会有安全风险。

图12-9　使用对冲镜头擦肩拍摄

拍摄方法 》

无人机处于汽车的前面，当汽车行驶过来的时候，用户向上推动右侧的摇杆，朝着汽车的方向进行前进飞行，与无人机对冲拍摄。

12.2.6　使用俯视旋转抬镜头拍摄

俯视旋转抬镜头可以多角度地展示环境，让画面焦点跟随汽车的运动而转移，交代周围的环境，如图 12-10 所示。

图12-10　使用俯视旋转抬镜头拍摄

拍摄方法》

向左拨动相机云台俯仰拨轮，让相机镜头向下俯拍汽车，向左推动左侧的摇杆，让无人机跟随汽车旋转角度，再向右拨动云台俯仰拨轮，让相机镜头向上抬，拍摄驶向远处的汽车。

12.2.7　使用后退上升抬镜头拍摄

在视频结尾的时候，可以使用后退上升抬镜头拍摄，用汽车驶向远处的大远景来交代环境，宣告视频的结束，如图 12-11 所示。

图12-11　使用后退上升抬镜头拍摄

拍摄方法》

先让无人机靠近汽车进行俯拍，在汽车驶向远处的时候，用户向上推动左侧的摇杆，向下推动右侧的摇杆，让无人机后退拉高，并向右拨动云台相机俯仰拨轮，上抬相机镜头。

第13章 无人机光绘航拍专题：
《空中光环》

无人机不仅可以用来航拍风景，还可以用来拍摄出创意十足的光绘作品。在摄影界，很多摄影大神的光绘作品就是通过无人机拍摄的，通过控制无人机的飞行路径，用相机记录画面中的光绘效果。本章主要讲解拍摄无人机光绘作品的操作方法。

13.1 拍摄无人机光绘需要注意的事项

在使用无人机拍摄光绘作品之前，需要提前了解拍摄注意事项，比如打开飞行器前机臂灯、打开补光灯等。

13.1.1 打开无人机光源

光绘航拍是利用"光"来进行绘画的，需要拍摄光源的移动轨迹。那么如何获取无人机的光源呢？下面以大疆御 3 Pro 为例，介绍两种获取方式。

1. 打开飞行器前机臂灯

一般在夜间，无人机的前机臂灯都是打开的，可以便于我们找到无人机在空中的位置。不过在拍摄的时候，无人机的前机臂灯也可以关闭。下面介绍打开飞行器前机臂灯的操作。

步骤 01 在 DJI Fly App 的相机界面中，点击"系统设置"按钮 ●●●，如图 13-1 所示。

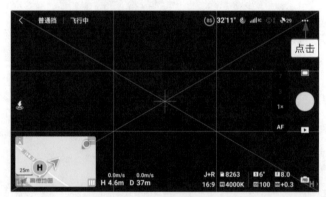

图13-1 点击"系统设置"按钮

步骤 02 在"安全"设置界面中，设置"前机臂灯"为"打开"，如 13-2 所示。

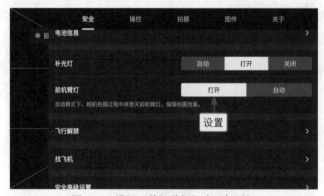

图13-2 设置"前机臂灯"为"打开"

2. 打开补光灯

补光灯也叫下视辅助照明，是无人机自带的补光灯，可以用其在夜空中绘制出美丽的光绘线条。不过有些无人机有补光灯，有些无人机没有，大家需要查看自己无人机的使用说明书进行确认。下面介绍两种补光灯的打开方法。

第一种是在"安全"设置界面中，设置"补光灯"为"打开"，如图 13-3 所示，即可在夜间打开补光灯。

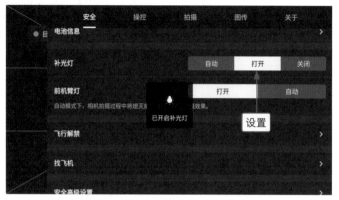

图13-3　设置"补光灯"为"打开"

第二种是通过遥控器上的按键打开补光灯，具体操作方法如下。

步骤 01　在"操控"设置界面中，点击"遥控器自定义按键"按钮，如图 13-4 所示。

图13-4　点击"遥控器自定义按键"按钮

步骤 02　❶设置"C2 键"为"补光灯"；❷在遥控器后面按下"C2"按钮键，就可以随时打开补光灯，如图 13-5 所示。

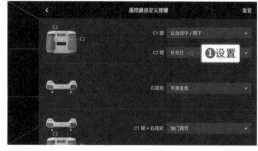

图13-5　在遥控器后面按下"C2"按钮键

13.1.2 建议使用广角镜头拍摄

在拍摄无人机光绘作品时，建议使用广角镜头，这样可以容纳更广阔的场景，能拍摄到的内容也更多。推荐使用索尼 16 ~ 35mm F2.8 的广角镜头，如图 13-6 所示。因为 16mm 端的畸变不是很大，而 35mm 端可以根据场景需要适当地调整镜头的变焦效果。

图13-6　索尼16 ~ 35mm F2.8的广角镜头

13.1.3 建议准备好三脚架

三脚架具有固定相机的作用，因有三条"腿"而得名。在拍摄无人机光绘的时候，相机曝光的时间比较长，手持相机或手机拍摄会影响画面的稳定性，因此需要相机和手机三脚架，以使拍摄的画面更加平稳。

图 13-7 所示为常用的相机三脚架和手机三脚架。

为了防止手动按相机或者手机快门出现机身抖动的情况，可以用三脚架来稳定画面，也可以携带快门线或者蓝牙耳机来控制拍摄。

图13-7　常用的相机三脚架和手机三脚架

13.2　使用相机拍摄无人机光绘

当了解了拍摄无人机光绘需要注意的事项之后，再来了解一下使用相机拍摄无人机光绘照片的操作方法。

13.2.1 相机拍摄的无人机光绘效果

在拍摄无人机光绘照片的时候，最好选择在开阔的场景中拍摄，因为无人机在夜晚的避障功能是失效的，而开阔的地方障碍物不多，可以保障无人机的飞行安全。最好在白天对拍摄地点进行踩点，多熟悉环境，规划好飞行路线，节约拍摄时间。

在城市中拍摄无人机光绘作品，还需要注意画面背景光源的数量，尽量选择在光源不复杂的场景中拍摄，不要让画面被杂物"抢镜"了。

此外，还需要注意地形和构图。地形过于复杂的话，就不适合摆放三脚架，尽量在平地上拍摄。在拍摄的过程中，构图是固定的，画面尽量不要倾斜，背景要尽量简洁，这样可以突出主体，保障拍摄效果。

本次拍摄的无人机光绘作品是一个空中圆环，效果如图 13-8 所示。

图13-8　相机拍摄的无人机光绘效果

13.2.2　使用"环绕"跟随模式拍摄

用无人机拍摄光绘作品的方法有很多，比如用"一键短片"模式，或者使用航点飞行模式设定飞行轨迹，由于本次效果是一个圆环，就使用了"环绕"跟随模式拍摄。下面介绍具体操作方法。

步骤 01　在 DJI Fly App 的相机界面中，❶用手指在屏幕中框选人物为目标，框选成功之后，目标处于绿框内；❷在弹出的面板中选择"环绕"模式，如图 13-9 所示。

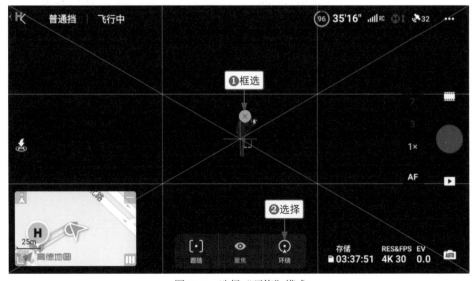

图13-9　选择"环绕"模式

步骤 02　默认设置向右环绕的方式，❶向右滑动控制按钮，将环绕速度设置为"快"；❷点击"GO"按钮，如图 13-10 所示。

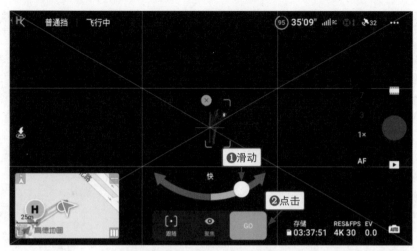

图13-10　点击"GO"按钮

步骤 03　无人机将围绕人物进行飞行，直到点击"Stop"按钮才会停止飞行，如图 13-11 所示。

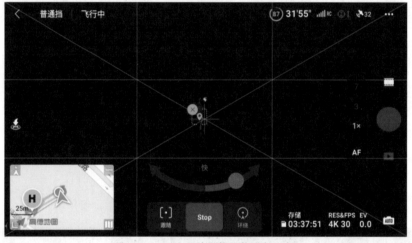

图13-11　无人机将围绕人物进行飞行

专家提醒

　　在"环绕"跟随模式下，无人机会不停地围绕目标进行环绕飞行。而在"一键短片"的"环绕"模式下，无人机围绕目标飞行一圈之后就会停止。

13.2.3　设置 ISO、快门和光圈参数

　　在无人机飞行的时候，需要为相机设置 ISO、快门和光圈参数，从而拍摄好无人机光绘作品。在拍摄之前，先将相机架在三脚架上，对准无人机飞行的方向，查看无人机是否在相机拍摄的画面中，然后设置相应的拍摄参数。下面以尼康 D850 相机为例，介绍拍摄方法与流程。

步骤 01　将相机调为 M 挡，按下相机左上角的"MENU"（菜单）按钮，如图 13-12 所示。

步骤 02　进入"照片拍摄菜单"界面，通过上下方向键选择"ISO 感光度设定"选项，如图 13-13 所示。

图13-12　按下"MENU"（菜单）按钮

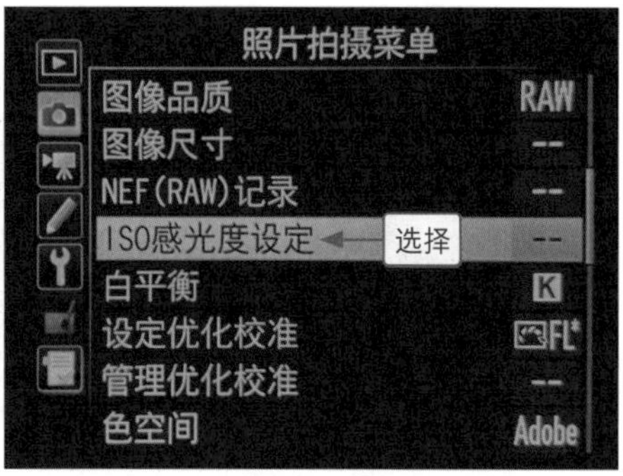

图13-13　选择"ISO感光度设定"选项

步骤 03　按下"OK"按钮，进入"ISO 感光度设定"界面，选择"ISO 感光度"选项并确认，如图 13-14 所示。

步骤 04　弹出"ISO 感光度"列表框，通过上下方向键，选择 100 的感光度参数值，如图 13-15 所示。按下"OK"按钮确认，即可完成 ISO 感光度的设置。

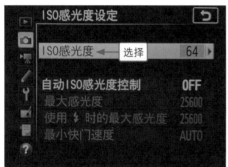
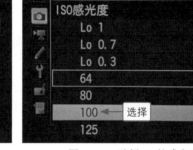

图13-14　选择"ISO感光度"选项

图13-15　选择100的感光度

步骤 05　按下相机右侧的"info"（参数设置）按钮，如图 13-16 所示。

步骤 06　进入相机参数设置界面，拨动相机前置的"主指令拨盘"，将快门参数调整到 20 秒，如图 13-17 所示，即可完成快门参数的设置。

步骤 07　拨动相机后置的"副指令拨盘"，将光圈参数调至 F11，如图 13-18 所示，即可完成光圈参数的设置。

专家提醒
　　相机曝光参数设置完成后，按下相机上的"拍摄"按钮，即可开始拍摄无人机光绘作品。待 20 秒结束后，即可查看相机拍摄的光绘效果。

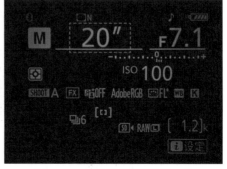

图13-16　按下"info"（参数设置）按钮

图13-17　将快门参数调整到20秒

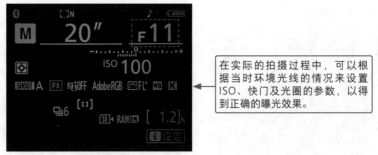

在实际的拍摄过程中，可以根据当时环境光线的情况来设置ISO、快门及光圈的参数，以得到正确的曝光效果。

图13-18　将光圈参数调至F11

专家提醒

光绘效果在后期还可以进行合成，建议大家在拍摄的时候多按几次"拍摄"按钮，多拍摄几张，这样经过后期处理之后，可以让光绘效果更加完整。

由于补光灯太亮，导致画面出现了过曝的情况，所以本次拍摄关闭了无人机的补光灯，只开启了前机臂灯。

13.3　使用华为手机拍摄无人机光绘

在拍摄无人机光绘作品时，除了可以使用相机拍摄，还可以使用手机来拍摄，本节主要讲解使用华为手机（以 HUAWEI P40 型号为例）拍摄无人机光绘的方法。

13.3.1　华为手机拍摄的无人机光绘效果

使用华为手机拍摄的无人机光绘效果如图 13-19 所示。无人机在环绕飞行的时候，是需要有环绕目标的，所以建议模特不要穿深色的衣服，不然无人机无法识别环绕目标。

图13-19　华为手机拍摄的无人机光绘效果

13.3.2 使用华为手机拍摄无人机光绘的方法

在华为手机中，主要使用"流光快门"中的"光绘涂鸦"模式拍摄无人机光绘，下面介绍具体的步骤。

步骤 01 打开"相机"App，在"拍照"界面中选择"更多"选项，如图 13-20 所示。

图13-20 选择"更多"选项

步骤 02 进入"更多"功能界面，点击"流光快门"按钮，如图 13-21 所示。

步骤 03 进入"流光快门"功能界面，点击"光绘涂鸦"图标，如图 13-22 所示，即可打开手机中的"光绘涂鸦"功能。

图13-21 点击"流光快门"按钮

图13-22 点击"光绘涂鸦"图标

步骤 04 进入"光绘涂鸦"界面后，点击右侧的"拍摄"按钮⭘，如图 13-23 所示。

步骤 05 在拍摄过程中，相机界面会记录无人机光绘的形成路径，如图 13-24 所示。待拍摄完成后，再次点击"拍摄"按钮■，即可停止拍摄。

图13-23　点击"拍摄"按钮

图13-24　相机界面会记录无人机光绘的形成路径

13.4　使用苹果手机拍摄无人机光绘

在掌握了使用华为手机拍摄无人机光绘的方法之后，本节将介绍使用苹果手机（以 iPhone 13 Pro Max 型号为例）拍摄无人机光绘的方法。

13.4.1　苹果手机拍摄的无人机光绘效果

图13-25　苹果手机拍摄的无人机光绘效果

使用苹果手机拍摄的无人机光绘效果如图 13-25 所示。为了让空中的光环变得更大一些，可以让无人机离目标远一点，把无人机的环绕半径变大。

13.4.2　使用苹果手机拍摄无人机光绘的方法

在苹果手机中，主要使用"拍照"模式进行拍摄，重点在于关闭手机的闪光灯，并设置长时间的曝光，下面介绍具体的步骤。

步骤 01　在"拍照"界面中，进入"夜景模式"，点击 ◐ 按钮，❶ 设置"曝光"时间为 10 秒；❷ 点击"拍摄"按钮 ◯，如图 13-26 所示。

图13-26　点击"拍摄"按钮

步骤 02　在拍摄过程中，手机会在 10 秒内记录无人机光绘的形成路径，如图 13-27 所示。由于曝光时间只有 10 秒，用户可以多次点击"拍摄"按钮进行拍摄，然后在后期进行合成。

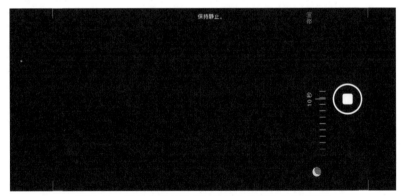

图13-27　手机会在10秒内记录无人机光绘的形成路径

专家
提醒　　在拍摄过程中，目标人物最好不要有大的动作，不然人物画面会变得模糊。

后 期 制 作 篇

第14章 剪映手机版：
剪辑视频发表作品

剪映手机版是一款非常火热的视频剪辑软件，大部分的抖音用户都会用其进行剪辑操作。本章主要介绍如何在剪映手机版中进行单个素材和多个素材的剪辑处理，包含裁剪时长、添加音乐、添加滤镜等操作。学习这些剪辑技巧，让大家在学会无人机航拍之后，还能学会在手机中剪辑视频，快速制作成品视频！

14.1 单个素材的制作流程：《紫色云霞》

在航拍完一段视频之后，可以在剪映手机版中进行后期处理，再分享至朋友圈或短视频平台。本节将介绍单个素材的制作流程。

本案例的最终视频效果如图 14-1 所示。

图14-1　最终视频效果

14.1.1　导入视频素材

在剪映手机版中剪辑视频的第一步就是导入视频素材，这样才能进行后续的操作和处理。下面介绍导入视频素材的操作方法。

步骤 01　在手机中下载好"剪映"App，点击"剪映"图标，如图 14-2 所示。

步骤 02　在"剪辑"界面中点击"开始创作"按钮，如图 14-3 所示。

步骤 03　❶在"照片视频"界面中选择视频素材；❷选中"高清"复选框；❸点击"添加"按钮，如图 14-4 所示。

步骤 04　即可把视频素材导入剪映手机版中，如图 14-5 所示。

图14-2　点击"剪映"图标　　　图14-3　点击"开始创作"按钮

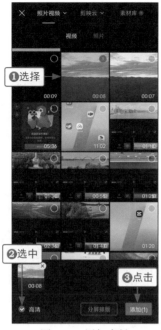

图14-4　添加素材　　　　　　　　图14-5　把视频素材导入剪映手机版中

14.1.2　添加背景音乐

背景音乐是航拍视频中必不可少的，能为视频增加亮点。在剪映手机版中可以为视频添加其他视频中的音乐，非常方便。下面介绍添加背景音乐的操作方法。

步骤 01　在一级工具栏中点击"音频"按钮，如图 14-6 所示。

步骤 02　在弹出的二级工具栏中点击"提取音乐"按钮，如图 14-7 所示。

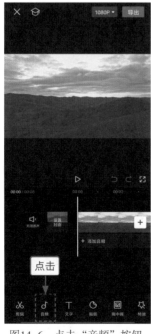

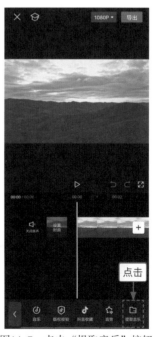

图14-6　点击"音频"按钮　　　　　　图14-7　点击"提取音乐"按钮

步骤 03　❶在"照片视频"界面中选择背景音乐的视频素材；❷点击"仅导入视频的声音"按钮，如图 14-8 所示。

步骤 04　即可为视频添加合适的背景音乐，如图 14-9 所示。

图14-8　导入视频中的音乐

图14-9　添加合适的背景音乐

专家提醒　除了通过"提取音乐"功能添加背景音乐，下面还有几种添加背景音乐的方法。
① 添加剪映曲库中的音乐。
② 在"音乐"界面中通过搜索关键词添加音乐。
③ 添加在抖音中收藏的音乐。
④ 通过抖音的视频链接提取和添加音乐。

14.1.3　设置变速效果

为了让视频与背景音乐的时长一致，可以为视频设置变速效果。如果背景音乐的时间较长，可以让视频慢速播放，增加视频的时长。下面介绍设置变速效果的操作方法。

步骤 01　❶选择视频素材；❷点击"变速"按钮，如图 14-10 所示。

步骤 02　在弹出的二级工具栏中点击"常规变速"按钮，如图 14-11 所示。

步骤 03　❶拖曳滑块，设置"变速"为 0.9x；❷选中"智能补帧"复选框；❸点击 ✓ 按钮，如图 14-12 所示。

步骤 04　界面中弹出相应的提示，如图 14-13 所示，稍等片刻，即可生成顺畅的慢动作。

步骤 05　调整音频素材的时长，使其对齐视频的时长，如图 14-14 所示。

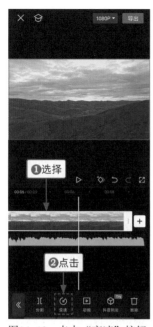

图14-10　点击"变速"按钮

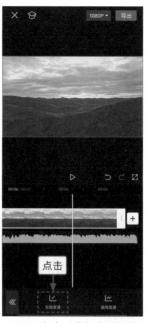

图14-11　点击"常规变速"按钮

图14-12　设置视频

图14-13　界面中弹出相应的提示

图14-14　调整音频素材的时长

14.1.4　添加滤镜调色

用无人机拍摄视频时，视频画面会受到天气和设备的影响，清晰度和色彩可能不是很理想。为了让视频画面更具有吸引力，我们可以分割视频，为后半段视频添加滤镜进行调色，让视频画面前后具有对比感。下面介绍添加滤镜调色的操作方法。

步骤 01　❶选择视频素材；❷拖曳时间轴至视频 5s 左右的位置；❸点击"分割"按钮，如图 14-15 所示，分割视频素材。

步骤 02　点击两段视频之间的"转场"按钮 I ，如图 14-16 所示。

步骤 03　进入"转场"面板，❶在"光效"选项卡中选择"炫光"转场；❷点击 ✓ 按钮，如
图 14-17 所示。

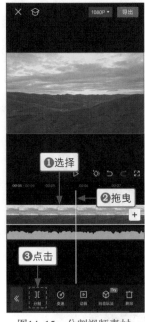

图14-15　分割视频素材

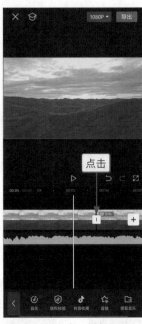

图14-16　点击"转场"按钮

图14-17　设置转场

步骤 04　❶选择分割后的第 2 个素材；❷点击"复制"按钮，如图 14-18 所示。

步骤 05　❶选择第 2 个素材；❷依次点击"切画中画"和"蒙版"按钮，如图 14-19 所示。

步骤 06　❶选择"线性"蒙版；❷点击"反转"按钮；❸调整蒙版线的位置，使其处于天空与地
面分界线附近的位置；❹向下拖曳 ❤ 按钮，羽化边缘，如图 14-20 所示。

图14-18　复制素材

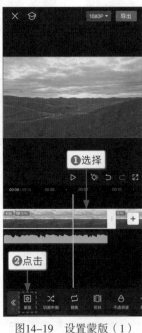

图14-19　设置蒙版（1）

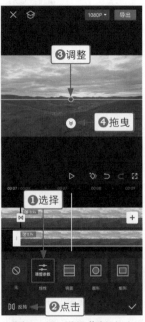

图14-20　设置蒙版（2）

步骤 07 点击 ✓ 按钮，继续点击"调节"按钮，如图 14-21 所示。

步骤 08 设置"色调"参数为 –17，让草变绿一些，如图 14-22 所示。

步骤 09 设置"对比度"参数为 12，让地面更清晰一些，如图 14-23 所示。

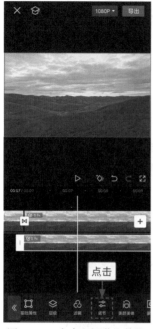  

图14-21　点击"调节"按钮　　图14-22　设置"色调"参数　　图14-23　设置"对比度"参数

步骤 10 选择视频轨道中的第 2 个素材，点击"滤镜"按钮，在"风景"选项卡中选择"晚樱"滤镜，
为云朵调色，如图 14-24 所示。

步骤 11 ❶切换至"调节"选项卡；❷设置"饱和度"参数为 20，让云朵色彩更加鲜艳，如
图 14-25 所示。

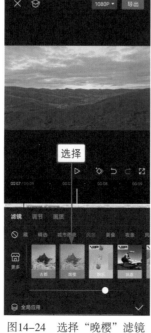 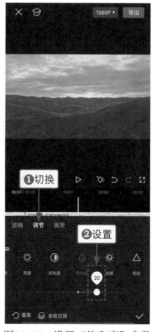

图14-24　选择"晚樱"滤镜　　图14-25　设置"饱和度"参数

步骤 12　设置"对比度"参数为10，增强画面的明暗对比度，让画面更清晰一些，如图 14-26 所示。

步骤 13　设置"色调"参数为18，让云朵的色彩更紫一点，让晚霞更加灿烂，如图 14-27 所示。

图14-26　设置"对比度"参数　　　　图14-27　设置"色调"参数

> **专家提醒**　在为视频进行调色的时候，需要提前判断要调整哪些部分，再根据情况进行精细化调节。如果调色之后，局部画面出现了偏色的情况，就可以运用"蒙版"功能对画面进行分层次调色，让画面色彩更加和谐统一。

14.1.5　添加开场特效

为了让视频开场具有代入感，可以为视频添加合适的特效，增加视频的创意感。下面介绍添加开场特效的操作方法。

步骤 01　❶拖曳时间轴至视频的起始位置；❷在一级工具栏中点击"特效"按钮，如图 14-28 所示。

步骤 02　在弹出的二级工具栏中点击"画面特效"按钮，如图 14-29 所示。

步骤 03　❶在"基础"选项卡中选择"变清晰"特效；❷点击 ✓ 按钮，如图 14-30 所示，即可为视频添加开场特效。

图14-28　点击"特效"按钮

图14-29　点击"画面特效"按钮

图14-30　点击相应按钮

14.1.6　导出成品视频

在导出视频的时候，可以设置封面、帧率、分辨率和码率等参数，导出之后还可以分享至抖音平台。下面介绍导出成品视频的操作方法。

步骤 01　点击视频素材左侧的"设置封面"按钮，如图 14-31 所示。

步骤 02　❶滑动选择一帧画面作为封面；❷点击"保存"按钮，如图 14-32 所示。

图14-31　点击"设置封面"按钮

图14-32　设置封面

步骤 03　点击 1080P 按钮，设置"帧率"、"分辨率"和"码率"参数，如图 14-33 所示。

步骤 04　点击右上角的"导出"按钮，界面中弹出视频的导出进度，如图 14-34 所示。

步骤 05　导出成功之后，点击"抖音"按钮，如图 14-35 所示。

图14-33　设置相应的参数

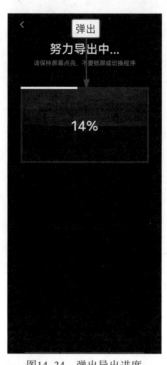

图14-34　弹出导出进度

图14-35　点击"抖音"按钮

步骤 06　在弹出的界面中点击"下一步"按钮，如图 14-36 所示。

步骤 07　编辑相应的内容，如图 14-37 所示，点击"发布"按钮，即可将视频发布至抖音平台。

图14-36　点击"下一步"按钮

图14-37　编辑相应的内容

14.2 多个素材的剪辑流程：《人间仙境》

多个素材的剪辑流程会比单个素材复杂一些，但大部分的操作过程都是差不多的，大家可以多练习和总结要点。本节将介绍多个素材的剪辑流程。

本案例的最终视频效果如图 14-38 所示。

图14-38　最终视频效果

14.2.1　添加多段视频和背景音乐

在剪映手机版中添加多段视频时，需要将其按顺序依次导入，导入完多段视频之后，再添加背景音乐。下面介绍添加多段视频和背景音乐的操作方法。

步骤 01　进入剪映手机版"剪辑"界面，点击"开始创作"按钮，如图 14-39 所示。

步骤 02　❶在"照片视频"界面中依次选择 5 个视频素材；❷选中"高清"复选框；❸点击"添加"按钮，如图 14-40 所示。

步骤 03　添加多段视频至视频轨道中，点击"音频"按钮，如图 14-41 所示。

步骤 04　在弹出的二级工具栏中点击"提取音乐"按钮，如图 14-42 所示。

步骤 05　❶在"照片视频"界面中选择视频素材；❷点击"仅导入视频的声音"按钮，如图 14-43 所示，即可添加音乐。

步骤 06　❶选择音频素材；❷点击"淡化"按钮，如图 14-44 所示。

步骤 07　设置"淡出时长"为 0.7s，让音乐结束得更加自然，如图 14-45 所示。

图14-39　点击"开始创作"按钮

图14-40　添加素材

图14-41　点击"音频"按钮

图14-42　点击"提取音乐"按钮

图14-43　导入音频素材

图14-44　点击"淡化"按钮

图14-45　设置"淡出时长"参数

14.2.2　为素材之间设置转场

转场是在有两个以上的素材的时候才能设置的效果，设置合适的转场效果，可以让视频画面过渡得更加自然。下面介绍为素材设置转场的操作方法。

步骤 01　点击第 1 个素材与第 2 个素材之间的"转场"按钮 | ，如图 14-46 所示。

步骤 02　弹出相应的面板，❶切换至"叠化"选项卡；❷选择"雾化"转场，如图 14-47 所示。

步骤 03　点击第 2 个素材与第 3 个素材之间的"转场"按钮 | ，弹出相应的面板，❶切换至"叠化"
选项卡；❷选择"叠化"转场，如图 14-48 所示。用与上面同样的方法，为第 3 个素材与
第 4 个素材之间、第 4 个素材与第 5 个素材之间都设置"叠化"转场。

图14-46　点击"转场"按钮

图14-47　选择"雾化"转场

图14-48　选择"叠化"转场

专家提醒　　在"转场"面板中可以设置转场的时长，还可以点击"全局应用"按钮，把转场效果应用到所有的素材之间。

14.2.3　制作大片感文字片头

一个精彩的大片感片头可以吸引观众，使其对视频产生兴趣。在片头添加合适的文字还能介绍视频主题，让观众把握视频的精华要点。下面介绍制作大片感文字片头的操作方法。

步骤 01　在视频起始位置点击"文字"按钮，如图 14-49 所示。

步骤 02　在弹出的二级工具栏中点击"新建文本"按钮，如图 14-50 所示。

步骤 03　❶输入文字；❷在"字体"|"书法"选项卡中选择字体，如图 14-51 所示。

步骤 04　❶在"动画"|"入场"选项卡中选择"溶解"动画；❷设置动画时长为 1.0s，如图 14-52 所示。

步骤 05　❶在"出场"选项卡中选择"溶解"动画；❷点击 ✓ 按钮，如图 14-53 所示。

步骤 06　❶调整文字素材的时长，使其末尾位置对齐转场素材的起始位置；❷点击"复制"按钮，
　　　　　如图 14-54 所示。

图14-49　点击"文字"按钮

图14-50　点击"新建文本"按钮

图14-51　选择字体

图14-52　设置动画时长参数

图14-53　点击相应按钮

图14-54　点击"复制"按钮

步骤 07　❶调整复制后的文字素材的时长；❷点击"编辑"按钮，如图 14-55 所示。

步骤 08　修改文字内容，如图 14-56 所示。用与上面同样的方法进行复制和修改，添加"仙"和
　　　　　"境"字，并调整 4 段文字在画面中的位置。

步骤 09　在"境"字素材的起始位置点击"添加贴纸"按钮，如图 14-57 所示。

步骤 10　❶在弹出的面板中输入并搜索"红印"；❷在搜索结果中选择一款贴纸；❸点击"关闭"
　　　　　按钮，如图 14-58 所示。

步骤 11　❶调整贴纸的时长、大小和位置；❷点击"动画"按钮，如图 14-59 所示。

步骤 12　在"入场动画"选项卡中选择"渐显"动画，如图 14-60 所示。

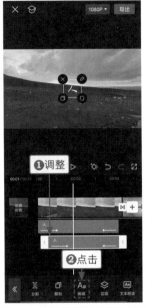

图14-55　调整复制内容的时长

图14-56　修改文字内容

图14-57　点击"添加贴纸"按钮

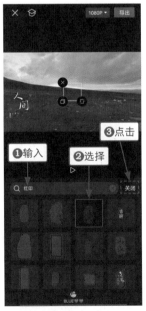

图14-58　添加红印

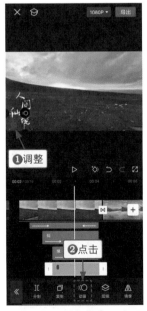

图14-59　对红印设置动画

图14-60　选择"渐显"动画

步骤 13　❶切换至"出场动画"选项卡；❷选择"渐隐"动画，如图 14-61 所示。

步骤 14　复制第 4 段文字，❶选择复制的文字；❷点击"编辑"按钮，如图 14-62 所示。

步骤 15　❶更改文字内容；❷在"热门"选项卡中选择字体；❸调整文字的大小和位置，使其处
　　　　　于红印贴纸的上面，如图 14-63 所示。至此，完成文字片头的制作。

图14-61 选择"渐隐"动画　　图14-62 复制文字并编辑　　图14-63 调整文字的大小和位置

14.2.4 制作互动引导片尾

在视频结束的时候，可以添加互动引导片尾文字，提示观众给视频点赞，以增加视频的流量。下面介绍制作互动引导片尾的操作方法。

步骤 01 ❶拖曳时间轴至视频的末尾位置；❷点击"文字模板"按钮，如图 14-64 所示。

步骤 02 ❶在"互动引导"选项卡中选择一款模板；❷更改文字内容；❸调整文字的大小和位置，如图 14-65 所示。

步骤 03 在视频末尾位置点击"音频"按钮，如图 14-66 所示。

  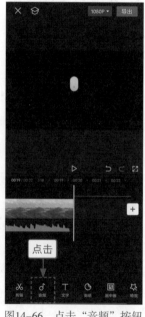

图14-64 点击"文字模板"按钮　　图14-65 编辑互动内容　　图14-66 点击"音频"按钮

步骤 04 在弹出的二级工具栏中点击"音效"按钮，如图 14-67 所示。

步骤 05 弹出相应的面板，❶输入并搜索"关注"；❷点击"关注提示音"音效右侧的"使用"按钮，如图 14-68 所示。添加音效之后，点击"文字"按钮。

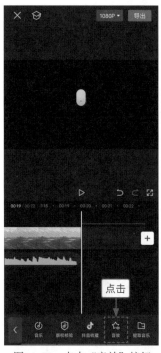

图14-67　点击"音效"按钮

图14-68　添加音效

步骤 06 ❶选择文字素材；❷在音效素材的末尾位置点击"分割"按钮，如图 14-69 所示。

步骤 07 分割文字素材之后，点击"删除"按钮，如图 14-70 所示，删除多余的文字时长。

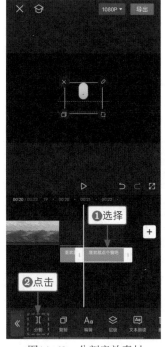

图14-69　分割音效素材

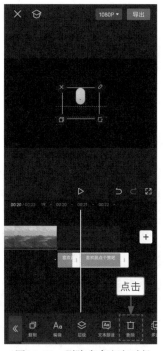

图14-70　删除多余文字时长

第15章 剪映电脑版：
制作航拍运镜大片

在剪映电脑版中剪辑和制作视频非常方便，因为界面比手机版要大，可以导入大量的照片和视频素材进行加工，也会比剪映手机版更加专业化。本章主要介绍在剪映电脑版中对单个素材和多个素材进行综合剪辑的内容。希望读者通过本章的学习，可以熟练掌握在剪映电脑版中剪辑视频的核心技巧，制作出航拍运镜大片！

15.1 单个素材的制作流程：《小行星》

在剪映电脑版中可以处理单个素材，然后导出和保存。本节将介绍单个素材的制作流程。

本案例的最终视频效果如图 15-1 所示。

图15-1 最终视频效果

15.1.1 导入航拍素材

在剪映电脑版中剪辑视频的第一步就是导入航拍素材，这样才能进行后续的操作和处理。下面介绍导入航拍素材的操作方法。

步骤 01 打开剪映电脑版，在首页单击"开始创作"按钮，如图 15-2 所示。

步骤 02 进入"媒体"功能区，在"本地"选项卡中单击"导入"按钮，如图 15-3 所示。

步骤 03 ❶在弹出的"请选择媒体资源"对话框中选择视频素材；❷单击"打开"按钮，如图 15-4 所示，导入素材。

步骤 04 单击视频素材右下角的"添加到轨道"按钮▣，如图 15-5 所示，把视频素材添加到视频轨道中。

图15-2　单击"开始创作"按钮

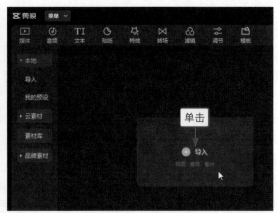

图15-3　单击"导入"按钮

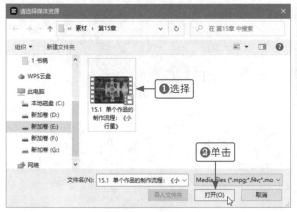

图15-4　选择素材

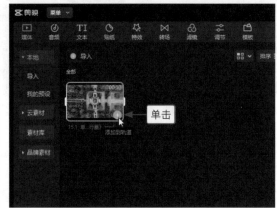

图15-5　添加素材到视频轨道中

15.1.2　为视频进行调色

对于绿色和紫色占比较大的视频，可以添加"风铃"滤镜进行调色，让画面的色彩感更强。下面介绍为视频进行调色的操作方法。

步骤 01　❶单击"滤镜"按钮，进入"滤镜"功能区；❷切换至"风景"选项卡；❸单击"风铃"滤镜右下角的"添加到轨道"按钮 ，如图 15-6 所示，添加滤镜进行初步调色。

步骤 02　调整"风铃"滤镜的时长，使其对齐视频的时长，如图 15-7 所示。

步骤 03　选择视频素材，❶单击"调节"按钮，进入"调节"操作区；❷设置"色温"参数为 -4、"色调"参数为 12、"饱和度"参数为 20、"亮度"参数为 6、"对比度"参数为 10、"高光"和"阴影"参数为 4、"光感"参数为 3，调整色彩和明度，如图 15-8 所示。

步骤 04　❶切换至 HSL 选项卡；❷选择"绿色"选项 ；❸设置"色相"参数为 14、"饱和度"参数为 32，让画面中绿色物体的色彩更加鲜艳，如图 15-9 所示。

步骤 05　❶选择"紫色"选项 ；❷设置"色相"参数为 18、"饱和度"参数为 24、"亮度"参数为 -32，让画面中天空的紫色云彩更加偏紫，如图 15-10 所示。

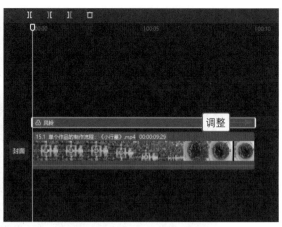

图15-6　添加滤镜

图15-7　调整"风铃"滤镜的时长

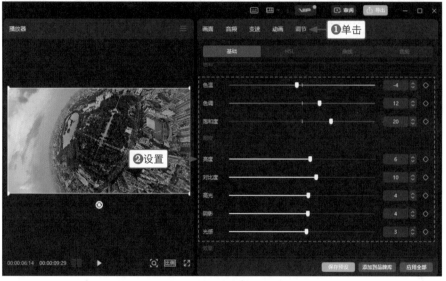

图15-8　设置相应的参数（1）

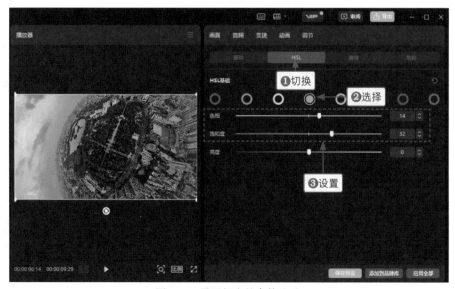

图15-9　设置相应的参数（2）

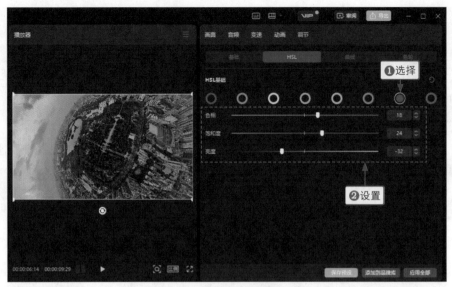

图15-10　设置相应的参数（3）

> **专家提醒**
> 　　调整"色温""色调""饱和度"等参数可以调整画面的色彩，使其偏蓝、偏黄、偏绿或者偏紫色，也就是使画面偏暖色调或者偏冷色调，还能使色彩变暗淡或者变鲜艳。
> 　　调整"亮度""对比度""高光""阴影""光感"等参数，则可以调整画面的明度。

15.1.3　添加抖音收藏中的音乐

　　抖音和剪映都是字节跳动旗下的软件，账号也是互通的，在两个软件中登录同一个抖音账号，就可以在剪映中添加抖音收藏中的音乐。下面介绍添加音乐的操作方法。

　　步骤 01　❶在视频起始位置单击"音频"按钮，进入"音频"功能区；❷切换至"抖音收藏"选项卡；❸单击所选音乐右下角的"添加到轨道"按钮，如图15-11所示，添加音乐。

　　步骤 02　❶拖曳时间轴至视频的末尾位置；❷单击"分割"按钮，如图15-12所示。

图15-11　添加音乐

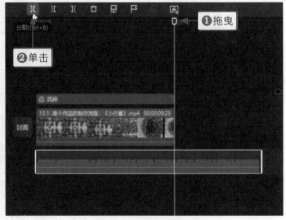

图15-12　分割音频

步骤 03 分割音频素材之后，默认选择分割后的第 2 个音频素材，单击"删除"按钮⬛，如图 15-13 所示。

步骤 04 删除多余的音频素材，只留下想要的音乐片段，如图 15-14 所示。

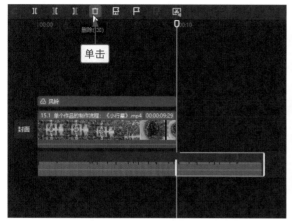

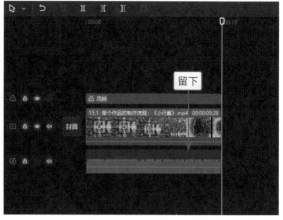

图15-13　单击"删除"按钮　　　　　　　图15-14　删除多余的音频素材

专家提醒　背景音乐是航拍视频中必不可少的，能为视频增加亮点。剪映电脑版有多种添加音乐的方式，如从剪映曲库中添加或者从其他视频中添加，还能收藏剪映曲库中的音乐。

15.1.4　添加开场和闭幕特效

在视频开场的时候添加一些特效，能让观众在观看视频时迅速集中注意力；在视频结束的时候也可以添加特效，以让视频圆满结束。下面介绍添加特效的操作方法。

步骤 01 ❶在视频起始位置单击"特效"按钮，进入"特效"功能区；❷切换至"画面特效"｜"动感"选项卡；❸单击"心跳"特效右下角的"添加到轨道"按钮，如图 15-15 所示，添加开场特效。

步骤 02 调整"心跳"特效的时长，使其末尾位置处于视频 1s 的位置，如图 15-16 所示。

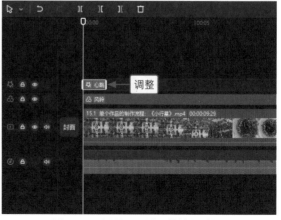

图15-15　添加开幕特效　　　　　　　图15-16　调整"心跳"特效的时长

步骤 03 ❶在视频 8s 的位置切换至"基础"选项卡；❷单击"横向闭幕"特效右下角的"添加到轨道"按钮，如图 15-17 所示，添加闭幕特效。

步骤 04 调整"横向闭幕"特效的时长，使其对齐视频的末尾位置，如图 15-18 所示。

图15-17 添加闭幕特效

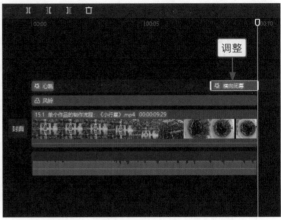

图15-18 调整"横向闭幕"特效的时长

15.1.5 添加主题文字

为航拍视频添加主题文字，可以让观众快速看懂视频内容。在添加主题文字的时候，可以在剪映电脑版中套用文字模板。下面介绍添加主题文字的操作方法。

步骤 01 拖曳时间轴至"心跳"特效的末尾位置，如图 15-19 所示。

步骤 02 ❶单击"文本"按钮，进入"文本"功能区；❷切换至"文字模板"|"运动"选项卡；❸单击所选文字模板右下角的"添加到轨道"按钮，如图 15-20 所示，添加文字。

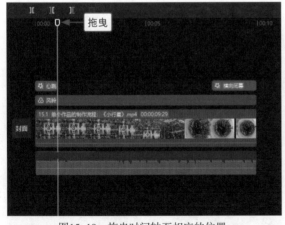

图15-19 拖曳时间轴至相应的位置

图15-20 添加模板文字

步骤 03 ❶在"文本"操作区中更改所有的文字内容；❷调整文字的大小和位置，如图 15-21 所示。

图15-21　调整文字的大小和位置

15.1.6　导出并分享视频

在剪映电脑版中导出视频时，可以设置封面、更改作品名称、设置保存路径、设置相应的帧率等，导出后可以分享至抖音或西瓜视频平台。下面介绍导出并分享视频的操作方法。

步骤 01　在视频轨道中单击"封面"按钮，如图 15-22 所示。

步骤 02　❶在"封面选择"对话框中选择封面；❷单击"去编辑"按钮，如图 15-23 所示。

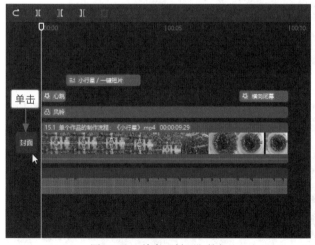

图15-22　单击"封面"按钮

图15-23　选择视频封面

步骤 03　在打开的"封面设计"对话框中单击"完成设置"按钮，如图 15-24 所示。

步骤 04　设置封面之后，单击右上角的"导出"按钮，如图 15-25 所示。

步骤 05　❶输入"标题"；❷单击"导出至"右侧的📁按钮，设置视频保存路径；❸单击"导出"按钮，如图 15-26 所示。

步骤 06　在"导出"对话框中可以查看视频导出的进度，如图 15-27 所示。

图15-24　单击"完成设置"按钮

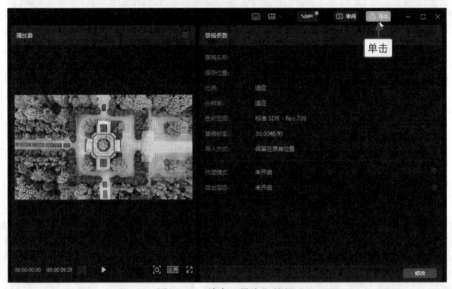

图15-25　单击"导出"按钮

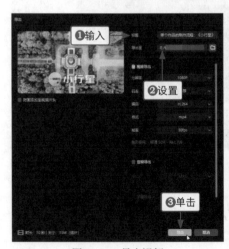

图15-26　导出视频

图15-27　查看视频导出的进度

步骤 07 导出完成后，可以把视频分享到抖音或者西瓜视频平台，如果不分享，则直接单击"关闭"按钮，如图 15-28 所示。

图15-28 单击"关闭"按钮

15.2 多个素材的剪辑流程：《航拍长沙》

剪映电脑版比手机版更专业，不仅界面变大了，而且能在其中处理更多的素材。本节将介绍多个素材的剪辑流程。

本案例的最终视频效果如图 15-29 所示。

图15-29 最终视频效果

15.2.1　导入多个航拍素材

在剪映电脑版中剪辑视频的第一步就是导入航拍素材，这样才能进行后续的操作和处理。下面介绍导入多个航拍素材的操作方法。

步骤 01　打开剪映电脑版，在"本地"选项卡中单击"导入"按钮，如图 15-30 所示。

步骤 02　❶在弹出的"请选择媒体资源"对话框中全选所有素材；❷单击"打开"按钮，如图 15-31 所示。

图15-30　单击"导入"按钮

图15-31　选择所有素材

步骤 03　❶按【Ctrl】键依次选择 5 个航拍素材；❷单击第 1 个素材右下角的"添加到轨道"按钮，如图 15-32 所示。

步骤 04　即可把 5 个航拍素材依次添加到视频轨道中，如图 15-33 所示。

图15-32　选择航拍素材

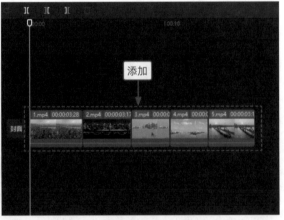

图15-33　把素材添加到视频轨道中

> **专家提醒**
>
> 　　在使用剪映电脑版时，利用快捷键可以提高工作效率，按【Ctrl + A】快捷键可以全选所有素材；按【Ctrl + C】快捷键可以复制素材；按【Ctrl + V】快捷键可以粘贴素材；按【Ctrl + Z】快捷键可以撤回上一步的操作。

15.2.2 添加背景音乐

运用"分离音频"功能，可以把视频中的音乐分离出来，再把视频删除，只留下想要的背景音乐。下面介绍添加背景音乐的操作方法。

步骤 01 把背景音乐素材拖曳至画中画轨道中，在素材上右击，如图 15-34 所示。

步骤 02 在弹出的快捷菜单中选择"分离音频"选项，如图 15-35 所示。

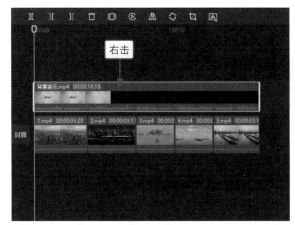

图15-34 在素材上右击

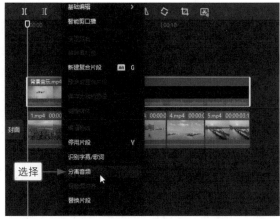

图15-35 选择"分离音频"选项

步骤 03 把背景音乐分离出来，单击"删除"按钮 ⬛，删除视频素材，如图 15-36 所示。

步骤 04 选择音频素材，在"基础"操作区中设置"淡出时长"参数为 0.5s，让音乐结束得更加自然，如图 15-37 所示。

专家提醒 除了运用"分离音频"功能提取视频中的音乐，还可以运用"音频"功能区中的"音频提取"功能提取视频中的音乐。

图15-36 单击"删除"按钮

图15-37 设置"淡出时长"参数

15.2.3 添加转场

在多个素材之间添加转场，可以让视频之间的切换更加自然和流畅。下面介绍添加转场的操作方法。

步骤 01 拖曳时间轴至第 1 个素材与第 2 个素材之间的位置，如图 15-38 所示。

步骤 02 ❶单击"转场"按钮，进入"转场"功能区；❷切换至"运镜"选项卡；❸单击"向上"转场右下角的"添加到轨道"按钮，如图 15-39 所示，添加转场。用与上面同样的方法，在第 2 个素材与第 3 个素材之间添加"推近"运镜转场，在第 3 个素材与第 4 个素材之间添加"拉远"运镜转场，在第 4 个素材与第 5 个素材之间添加"向左"运镜转场。

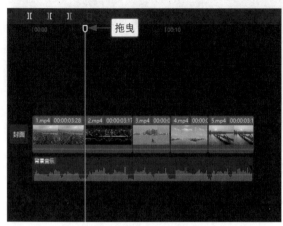

图15-38 拖曳时间轴至相应的位置

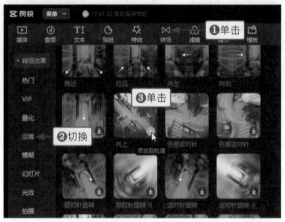

图15-39 在素材之间添加转场

> **专家提醒** 剪映中的转场素材十分丰富，有"叠化""运镜""模糊""幻灯片""光效""拍摄""扭曲""故障""分割""自然""综艺"等类型。

15.2.4 为视频添加滤镜调色

由于多个素材之间的色彩是有差异的，在调色的时候，可以添加不同的滤镜，进行精准调色。下面介绍为视频添加滤镜调色的操作方法。

步骤 01 拖曳时间轴至视频的起始位置，如图 15-40 所示。

步骤 02 ❶单击"滤镜"按钮，进入"滤镜"功能区；❷切换至"影视级"选项卡；❸单击"深褐"滤镜右下角的"添加到轨道"按钮，如图 15-41 所示，添加滤镜进行调色，让画面色彩更好看。

步骤 03 调整"深褐"滤镜的时长，使其对齐第 1 个素材的时长，如图 15-42 所示。

步骤 04 为剩下的 4 个视频素材依次添加"橙蓝"滤镜、"冷蓝"滤镜、"冰夏"滤镜和"宿营"滤镜，并调整各自的时长，使其对齐相应的视频素材的时长，如图 15-43 所示。

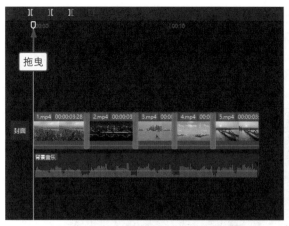

图15-40　拖曳时间轴至视频的起始位置

图15-41　添加"深褐"滤镜

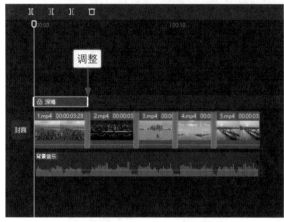

图15-42　调整"深褐"滤镜的时长

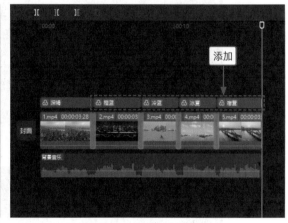

图15-43　添加相应的滤镜

步骤 05　选择第1个视频素材，❶单击"调节"按钮，进入"调节"操作区；❷设置"色温"参数为9、"色调"参数为9、"饱和度"参数为28、"对比度"参数为13、"光感"参数为8，调整画面的色彩和明度，如图15-44所示。

图15-44　设置相应的参数（1）

步骤 06　选择第 5 个视频素材，在"调节"操作区中，设置"色温"参数为 –5、"色调"参数为 4、
　　　　"饱和度"参数为 16，调整画面的色彩，使其偏暖黄色，如图 15-45 所示。

步骤 07　❶切换至 HSL 选项卡；❷选择"橙色"选项◯；❸设置"色相"参数为 –22、"饱和度"
　　　　参数为 20，让夕阳的色彩更加偏橙黄色，如图 15-46 所示。

图15-45　设置相应的参数（2）

图15-46　设置相应的参数（3）

15.2.5　为视频添加字幕

为了突出视频的主题，可以为视频添加字幕，还可以配合音乐添加歌词字幕。下面介绍为视频添加
字幕的操作方法。

步骤 01　拖曳时间轴至视频 00:00:01:03 的位置，❶单击"文本"按钮，进入"文本"功能区；❷单击"默认文本"右下角的"添加到轨道"按钮，如图 15-47 所示，添加文本。

步骤 02　调整"默认文本"的时长，使其末尾位置对齐第 1 个素材的末尾位置，如图 15-48 所示。

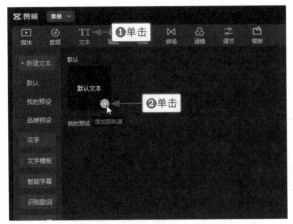

图15-47　添加"默认文本"

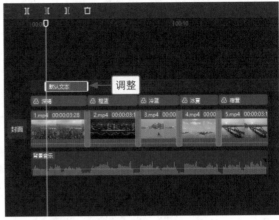

图15-48　调整"默认文本"的时长

步骤 03　❶在"文本"下的"基础"操作区输入文字内容；❷选择合适的字体；❸调整文字的大小和位置，如图 15-49 所示。

图15-49　输入文字并调整

步骤 04　❶单击"动画"按钮，进入"动画"操作区；❷在"入场"选项卡下选择"打字机 II"入场动画；❸设置"动画时长"参数为 1.0s，如图 15-50 所示。

步骤 05　❶切换至"出场"选项卡；❷选择"滚出"动画，如图 15-51 所示。

步骤 06　❶在文字上右击；❷在快捷菜单中选择"复制"选项，如图 15-52 所示。

步骤 07　复制文本之后，拖曳时间轴至视频 00:00:02:18 的位置，按【Ctrl + V】快捷键粘贴文本，并调整文本的时长，使其末尾位置对齐第 1 个素材的末尾位置，如图 15-53 所示。

步骤 08　设置入场动画的"动画时长"参数为 0.5s，❶更改文字内容；❷设置"字间距"参数为 2；❸选择第 2 个预设样式；❹调整文字的大小和位置，如图 15-54 所示。

图15-50　文字入场动画

图15-51　设置文字出场动画

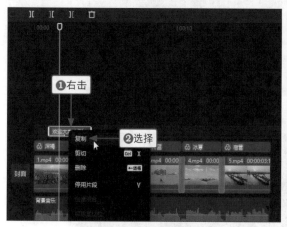

图15-52　复制文本

图15-53　调整文本的时长

图15-54　设置入场动画中的文字

步骤　09　❶切换至"识别歌词"选项卡；❷单击"开始识别"按钮，如图15-55所示。

步骤　10　识别出歌词字幕之后，❶选择第1段歌词文本；❷单击"删除"按钮🗑，如图15-56所示，删除不需要的文本。

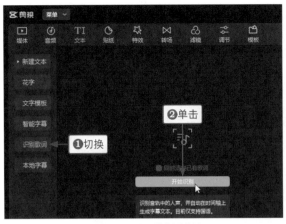

图15-55 识别歌词文本

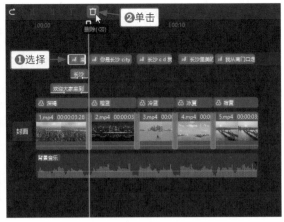

图15-56 删除不需要的文本

步骤 11 根据歌词原意，修改错误的文本内容，❶选择合适的字体；❷设置"字间距"参数为 2；
❸微微放大歌词文字，如图 15-57 所示。

图15-57 修改文本

15.2.6 添加画面特效

在视频开场的时候，可以为视频添加基础的开场特效吸引观众，还可以为视频添加边框特效，丰富
视频内容。下面介绍添加画面特效的操作方法。

步骤 01 ❶单击"特效"按钮，进入"特效"功能区；❷切换至"基础"选项卡；❸单击"变清晰"
特效右下角的"添加到轨道"按钮，如图 15-58 所示，添加开场特效。

步骤 02 调整"变清晰"特效的时长，使其末尾位置处于视频的 00:00:01:13 位置，如图 15-59 所示。

步骤 03 ❶切换至"边框"选项卡；❷单击"录制边框Ⅱ"特效右下角的"添加到轨道"按钮，
如图 15-60 所示。

步骤 04 调整"录制边框Ⅱ"特效的时长，使其对齐视频的末尾位置，如图 15-61 所示。

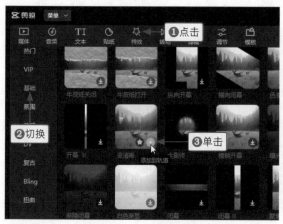

图15-58 添加开场特效

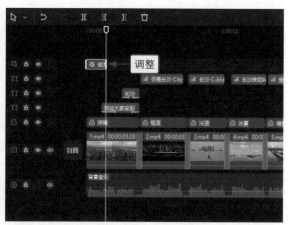

图15-59 调整"变清晰"特效的时长

图15-60 添加边框特效

图15-61 调整"录制边框Ⅱ"特效的时长

15.2.7 制作求关注片尾

在视频结束的时候，可以制作求关注的片尾效果，展示视频发布者的头像，提示观众关注作者，从而用视频进行引流。下面介绍导出并分享视频的操作方法。

步骤 01 拖曳时间轴至视频末尾位置，❶单击"媒体"按钮；❷切换至"素材库"｜"热门"选项卡；❸选择黑场素材，如图 15-62 所示。

步骤 02 把黑场素材拖曳至视频轨道中，把头像素材和绿幕素材拖曳至画中画轨道中，如图 15-63 所示。

步骤 03 ❶缩小绿幕素材的画面；❷切换至"抠像"选项卡；❸选中"色度抠图"复选框；❹单击"取色器"按钮▨，在画面中取样绿色；❺设置"强度"参数为 48、"阴影"参数为 18，抠除绿幕，如图 15-64 所示。

步骤 04 选择头像素材，调整头像素材的大小和位置，如图 15-65 所示。

图15-62 选择黑场素材

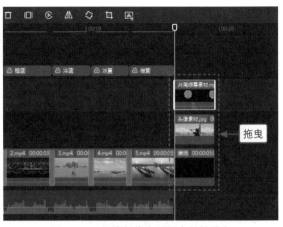

图15-63 把素材拖曳至相应的轨道中

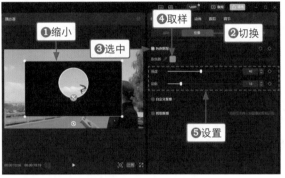

图15-64 设置相应的参数

图15-65 调整头像素材的大小和位置

步骤 05 ❶单击"文本"按钮，进入"文本"功能区；❷切换至"文字模板"｜"互动引导"选项卡；❸单击所选文字模板右下角的"添加到轨道"按钮🔲，如图 15-66 所示。

步骤 06 添加求关注文字，❶在"播放器"面板中，调整文字的大小和位置；❷单击"朗读"按钮，进入"朗读"操作区；❸选择"动漫海绵"选项；❹单击"开始朗读"按钮，如图 15-67所示，生成一段朗读音频。

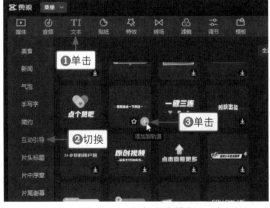

图15-66 添加文字模板

图15-67 为添加的文字生成音频

本书资源使用说明

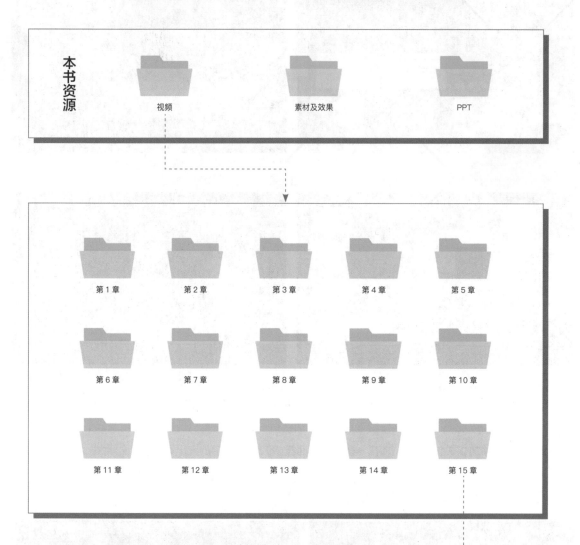

本书资源

视频　　　　　素材及效果　　　　　PPT

第1章　　第2章　　第3章　　第4章　　第5章

第6章　　第7章　　第8章　　第9章　　第10章

第11章　　第12章　　第13章　　第14章　　第15章

视频

用微信扫描下方二维码，关注微信公众号，并输入77页资源下载码，根据提示即可获取本书所有资源

资源下载

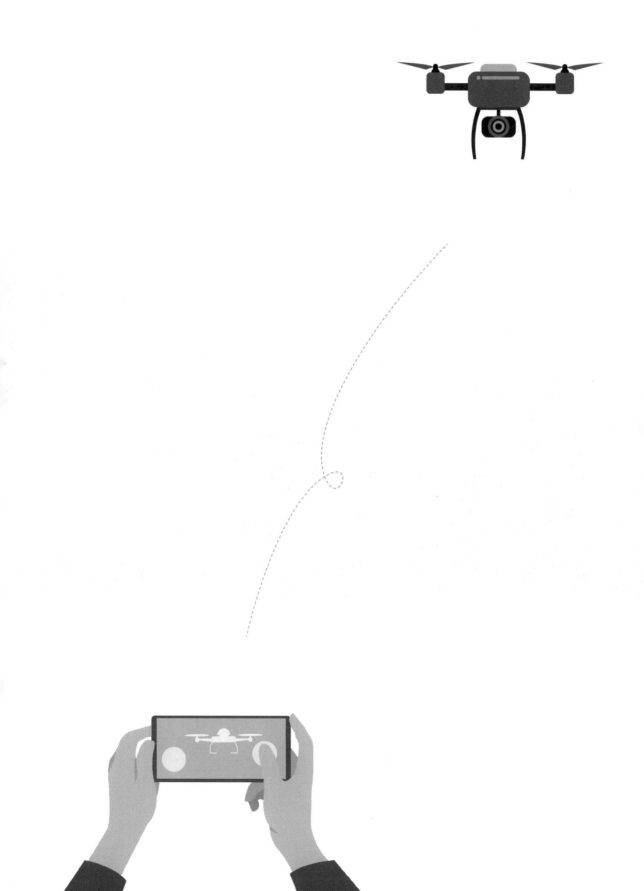